海上直升机运输安全指南
——水下逃逸救生基础

Handbook of Offshore Helicopter Transport Safety
——Essentials of Underwater Egress and Survival

[加拿大] 迈克尔·J. 泰伯 (Michael J. Taber) 主编

于莹潇　王晶横　史彦斌　宋书林
赵　伟　张国强　王铭杨　　　　译

国防工业出版社

·北京·

著作权合同登记　图字:01-2023-0576 号

图书在版编目(CIP)数据

海上直升机运输安全指南:水下逃逸救生基础/(加)迈克尔·J.泰伯(Michael J. Taber)主编:于莹潇等译. —北京:国防工业出版社,2024.4

书名原文:Handbook of Offshore Helicopter Transport Safety:Essentials of Underwater Egress and Survival

ISBN 978-7-118-13255-7

Ⅰ.①海… Ⅱ.①迈… ②于… Ⅲ.①海上—直升机—救生 Ⅳ.①V244

中国国家版本馆 CIP 数据核字(2024)第 067860 号

Handbook of Offshore Helicopter Transport Safety:Essentials of Underwater Egress and Survival(1edition)
ISBN:978-1-78242-187-0
Copyright © 2016 by M. J. Taber. Published by Elsevier Ltd. All rights reserved.
Authorized Chinese translation published by National Defense Industry Press.

《海上直升机运输安全指南:水下逃逸救生基础》(第 1 版)
ISBN 978-7-118-13255-7
Copyright © Elsevier Ltd. and National Defense Industry Press. All rights reserved.
No part of this publication may be reproduced or transmitted in any form or by any means, electronic or mechanical, including photocopying, recording, or any information storage and retrieval system, without permission in writing from Elsevier (Singapore) Pte Ltd. Details on how to seek permission, further information about the Elsevier's permissions policies and arrangements with organizations such as the Copyright Clearance Center and the Copyright Licensing Agency, can be found at our website: www.elsevier.com/permissions.

This book and the individual contributions contained in it are protected under copyright by Elsevier Ltd. and National Defense Industry Press (other than as may be noted herein).

Online resources are not available with this reprint.

This edition of Handbook of Offshore Helicopter Transport Safety:Essentials of Underwater Egress and Survival is published by National Defense Industry Pressunder arrangement with ELSEVIER LTD.

This edition is authorized for sale in China only, excluding Hong Kong, Macau and Taiwan. Unauthorized export of this edition is a violation of the Copyright Act. Violation of this Law is subject to Civil and Criminal Penalties.

本版由 ELSEVIER LTD. 授权国防工业出版社在中国大陆地区(不包括香港、澳门以及台湾地区)出版发行。
本版仅限在中国大陆地区(不包括香港、澳门以及台湾地区)出版及标价销售。未经许可之出口,视为违反著作权法,将受民事及刑事法律之制裁。
本书封底贴有 Elsevier 防伪标签,无标签者不得销售。

注意

本书涉及领域的知识和实践标准在不断变化。新的研究和经验拓展我们的理解,因此须对研究方法、专业实践或医疗方法作出调整。从业者和研究人员必须始终依靠自身经验和知识来评估和使用本书中提到的所有信息、方法、化合物或本书中描述的实验。在使用这些信息或方法时,他们应注意自身和他人的安全,包括注意他们负有专业责任的当事人的安全。在法律允许的最大范围内,爱思唯尔、译文的原文作者、原文编辑及原文内容提供者均不对因产品责任、疏忽或其他人身或财产伤害及/或损失承担责任,亦不对由于使用或操作文中提到的方法、产品、说明或思想而导致的人身或财产伤害及/或损失承担责任。

※

国防工业出版社出版发行
(北京市海淀区紫竹院南路 23 号　邮政编码 100048)
北京虎彩文化传播有限公司印刷
新华书店经售

*

开本 710×1000　1/16　印张 11½　字数 192 千字
2024 年 4 月第 1 版第 1 次印刷　印数 1—1200 册　定价 98.00 元

(本书如有印装错误,我社负责调换)

国防书店:(010)88540777	书店传真:(010)88540776
发行业务:(010)88540717	发行传真:(010)88540762

译者序

  本书是一部描述直升机在发生水上迫降或坠水撞击等情形时，乘员如何处理影响水下逃逸救生各种因素的安全指南，全面介绍了海上直升机运输所面临的水下逃生问题和安全关切。本书内容涵盖的主题比较广泛，既有直升机水下逃生训练（HUET）课程的开发和实施以及逼真度对 HUET 的影响，也有水下逃生时所产生的心理、生理和认知反应，还有紧急呼吸系统（EBS）和直升机运输抗浸服（HTS）等救生装备的设计和使用。本书作者既有国际认可培训机构的民事/军事 HUET 教官，也有地方院校的生存心理学与生理学教授，还有独立研究机构的人体工程学和人为因素专家。他们均是在冷水浸泡人体生理学、水下逃生心理学、逃生应激下个体表现、HUET 影响因素、救生装备（EBS 和 HTS）开发与应用等方面的权威专家。翻译本书的目的是在我国传播直升机水下逃逸救生领域的国际先进技术信息，促进和发展我国在该领域的理论研究和训练实践，为海上直升机飞行员、海上工作人员、救生教官和相关领域人员提供指导和帮助。

  本书能够顺利出版，离不开国防工业出版社各级领导的关心和支持，感谢编辑团队为本书出版所付出的辛苦努力。感谢课题项目对本书出版的资助与扶持。由于译者水平有限，经验欠缺，虽经多次修改，难免存在疏漏和不足之处，恳请读者不吝指正，以便再版更正。

译者

2023 年 8 月

前　言

　　乘坐直升机往返海上设施或船只是世界各地成千上万人日常生活的一部分。在大多数情况下,这种出行会平安无事,只是平淡无奇的离岸工作的一部分。只在极少数情况下,这种出行会变成意外。正是在这些罕见的紧急事件中,我们希望每个人拥有在通常极短的时间内完成一系列复杂操作所需的逃生技能。从迫降、可能倾覆、进水和/或沉没的直升机上逃生的准备训练只是整体救生情境的一部分(尽管是关键组成部分)。

　　本书探讨了在直升机水上迫降或坠水撞击时准备逃生需要考虑的无数因素;从历史的角度概述了直升机水下逃生训练(HUET)课程的开发和实施的发展过程;梳理了影响逃生过程技能习得和程序技能保持的特定方面。对于 HUET 模拟器来说,设计和应用是非常关键的要素,得以确保每个学员都有机会在安全而逼真的环境中练习水下逃生技能。但是,个人在应激情境下做决策的能力也被认为是致命环境下生存的关键要素。

　　本书专门致力于确保在地球上最恶劣海上环境下工作人员的生命安全。本书作者团队都是在冷水浸泡与适应技术领域相关人体生理学、决策或执行功能相关生存心理学、逃生应激下个体表现、救生设备(紧急呼吸系统和抗浸服)开发与应用以及 HUET 影响因素等方面的权威专家。通过梳理他们的专业知识可以为读者提供关于直升机水下逃逸救生的综合参考资料,使全球海上工作人员在直升机水上迫降或坠水撞击时为如何进行最佳生存准备做出明智的决定。我们希望本书提供的信息能够帮助这些人员做好海上生存准备并最终增加其整体生存机会。

主编简介

　　Michael J. Taber 博士是加拿大法尔克安全服务公司的高级研究员。他专门研究人类在恶劣环境下的表现,曾在加拿大皇家空军担任航空技师和安全潜水员,担任国际认可培训机构的高级海上/军事 HUET 教官。Taber 博士拥有心理学学士学位、运动机能学理学硕士学位和跨学科博士学位(心理学、人为因素、工业工程),完成两个博士后研究工作,在两所大学三个系授课。Taber 博士目前担任加拿大布鲁克大学人体运动学系及纽芬兰纪念大学人体动力学和娱乐学院的兼职教授。Taber 博士发表了 75 篇科技论文、报告和著作,主要研究应急反应、用户体验、HUET 相关表现和生存影响因素。

作者简介

Martin Barwood,高等教育学院院士(FHEA),理学学士,博士。

  Martin Barwood 是英国诺森比亚大学体育、锻炼和康复系的研究员,于 2006 年获得英国朴茨茅斯大学环境生理学和心理学交叉学科博士学位。Barwood 博士自毕业以来,积累了近 10 年关于冷水浸泡导致急性、短期和长期的生理和心理反应的研究经验,还致力于研究冷水适应性。他是开放水域安全社区的活跃成员,并共同发表了 100 多篇学术论文、报告和会议摘要。

Sue Coleshaw,博士,理学学士,特许人体工程学家和人为因素专家(C.ErgHF),人体工程学和人为因素研究所研究员(FIEHF)。

  Sue Coleshaw 博士是一名英国阿伯丁市附近的独立研究顾问,拥有利兹大学理学学士学位和伦敦大学应用热生理学博士学位。她是人体工程学和人为因素研究所的研究员,特许人体工程学家和人为因素专家,为立法者、设备制造商和海上行业部门提供咨询,其专长包括直升机安全、人员表现、海上紧急反应、救生和个体防护设备等方面。Sue Coleshaw 发表了许多学术论文、行业报告和会议文章,积极参与多个国际标准委员会的工作,并且是直升机紧急呼吸系统(EBS)技术标准的作者。

Sean Fitzpatrick

  Sean Fitzpatrick 目前是加拿大福尔克安全服务公司纽芬兰培训中心的运营经理。他是一个经验丰富的飞机水上迫降与救生教官和教官培训师,培训对象为民航飞行员、海上油气行业工人和军事飞行员。培训内容包括紧急呼吸系统的使用,对突然冷水浸泡影响的认识,以及特定任务培训的开发和交付。Sean 还提供国际培训,包括 HUET 潜水员和教官发展课程,协助培训中心获得批准,并提供定制的现场课件和项目交付。迄今为止,他与加拿大、澳大利亚、法国、苏格兰、俄罗斯、美国、挪威、埃及、韩国和印度等国家的军民团体都合作过。

  Sean 在加拿大军队服役 8 年,曾在加拿大和欧洲多个军事基地工作,并于 1993 年在克罗地亚担任联合国维和人员。他曾是一名专业的水肺潜水员和潜水教官。在长达 10 年的时间里,潜水任务使他穿越了加拿大和整个加勒比海地区水域。目前仍然是一名狂热的潜水员。

John Leach,博士

John Leach 博士是一位专攻人类生存心理学的心理学家,也是《生存心理学》(Macmillan,1994)的作者。在英格兰兰卡斯特大学担任了 16 年认知心理学讲师,讲授极端环境和认知进化方面的心理学课程。还接受过英国皇家空军生存、躲避、抵抗、脱逃(SERE)军官的训练,并获得了海上、沙漠、丛林、北极和极地生存以及被俘后行为的教官资格。在担任 SERE 心理学专家期间,开发了生存情境下人类行为的认知理论(执行障碍幸存者综合征),获得了 2013 年航空航天人为因素协会颁发的威廉·E·柯林斯奖。完成了各种军事和民事 HUET 课程。John Leach 也是挪威奥斯陆大学人类认知研究中心的联系会员。

Sarita J. Robinson,理学硕士,博士

Sarita J. Robinson 是一名拥有超过 15 年研究经验的副教授,使用认知神经心理学和心理生物学的方法研究人们在危及生命情况下的反应。她在曼彻斯特大学获得认知科学硕士学位后,继续攻读人类生存中的认知和神经免疫变化的博士学位。自 2004 年获得博士学位后,Sarita 一直在英格兰中央兰开夏大学工作,并继续与英国和国际客户开展生存领域的研究。

Dana H. Sweeney,理学硕士

Dana H. Sweeney 是加拿大福尔克安全服务公司(FSSC)的研究科学家,以及海上生存/直升机水下逃生训练/全封闭机动救生船/快速救援船(HUET/TEMPSC/FRC)教官,拥有运动机能学学士学位和环境生理学硕士学位。Dana 是加拿大海岸警卫队近海救援船项目的负责人,该项目通过搜救行动和培训来提供救生设备、恶劣天气情况、公共关系工作以及划船安全倡导方面的经验。Dana 的硕士研究是有关体温过低、运动病和海上生存,并于 2003 年在加拿大国防研究和发展研究奖学金资助下完成。

自 2003 年以来,Dana 一直致力于以下领域的工作:HUET 模拟器的制造;抗浸服的研究、评估和批准;直升机客运服、个人漂浮装置(PFD)、救生衣、救生船和防护服;真人、暖体假人模型和漂浮假人模型的应用。Dana 曾为加拿大交通部、国防部、国家研究委员会以及加拿大石油生产商协会和众多设备制造商等客户工作,并且参与了加拿大通用标准委员会和保险公司实验室对救生设备标准测试方法的开发。Dana 现在正用其专业理论和应用知识来解决加拿大福尔克安全服务公司的研究问题。

Michael J. Tipton,理学硕士,博士

　　Michael J. Tipton 是英国朴次茅斯大学体育与运动科学系极端环境实验室的人类与应用生理学教授。在体温调节、环境与职业生理学、海洋生存等领域进行了 30 多年的研究,为军事人员、产业工人和体育精英提供长期咨询。在这些领域发表了 500 多篇科学论文、报告和著作。Tipton 教授是皇家国家救生艇协会的医疗和救生委员会委员,也是英国冲浪救生协会理事,因他在海上救生方面的贡献,被授予国际安全与救生训练联合会的终身荣誉会员。

目 录

第1章 影响海上直升机运输安全的因素 1

1.1 引言 1
    1.1.1 人-系统整合 3
    1.1.2 直升机事故统计 3
    1.1.3 相关安全法规和现行标准 4
    1.1.4 安全文化与安全氛围 4
    1.1.5 本书其他章节概述 5

参考文献 6

第2章 直升机水下逃生训练课程的开发与实施 9

2.1 引言 9
    2.1.1 水上迫降训练的历史 9
    2.1.2 直升机水下逃生训练的开发与实施 13
    2.1.3 课程类型 15
    2.1.4 重要信息 21
    2.1.5 最优直升机水下逃生训练课程开发 21
    2.1.6 实用直升机水下逃生训练安全规程 23

参考文献 27

第3章 水下逃逸救生的心理因素 30

3.1 引言 30
3.2 作为信息处理系统的大脑 31
    3.2.1 工作记忆 31
    3.2.2 执行性注意 31
    3.2.3 监管系统 32
3.3 紧急事故的一般过程 32
    3.3.1 事故前阶段 33

  3.3.2 事故发生阶段 ………………………………………………… 33
  3.3.3 恢复阶段 ……………………………………………………… 34
 3.4 紧急事故中的认知功能障碍 ………………………………………… 34
 3.5 幸存者行为:幸存者执行障碍综合征 ……………………………… 35
  3.5.1 丧失主动性 …………………………………………………… 36
  3.5.2 刻板行为 ……………………………………………………… 36
  3.5.3 重复行为 ……………………………………………………… 37
  3.5.4 行为障碍 ……………………………………………………… 37
 3.6 水上迫降时:事故发生阶段 ………………………………………… 41
 3.7 水上迫降后:恢复阶段 ……………………………………………… 42
 3.8 小结 …………………………………………………………………… 43
 参考文献 …………………………………………………………………… 44

第4章 冷水浸泡的生理反应:从研究到防护 ………………………… 47

 4.1 引言 …………………………………………………………………… 47
 4.2 背景 …………………………………………………………………… 47
 4.3 小结 …………………………………………………………………… 54
 参考文献 …………………………………………………………………… 55

第5章 浸泡时的心理生理反应:准备与习惯化 ……………………… 58

 5.1 背景 …………………………………………………………………… 58
 5.2 引言 …………………………………………………………………… 58
 5.3 冷水浸泡准备:心理对生理反应的影响 …………………………… 59
 5.4 心理干预反应的变化 ………………………………………………… 60
 5.5 空中与水中屏气的心理因素 ………………………………………… 60
 5.6 焦虑与冷休克反应 …………………………………………………… 61
 5.7 心理准备策略与冷水浸泡 …………………………………………… 62
  5.7.1 目标设定 ……………………………………………………… 62
  5.7.2 唤醒调节 ……………………………………………………… 63
  5.7.3 心理意象 ……………………………………………………… 63
  5.7.4 积极的自我暗示 ……………………………………………… 64
 5.8 冷水浸泡中心理技能训练有效性的实验证据 ……………………… 65
 5.9 其他心理准备方法 …………………………………………………… 65
 5.10 冷水习惯化:一种心理生理反应 …………………………………… 66
 5.11 习惯化:一种可能的机制 …………………………………………… 67

- 5.12 习惯化和心理技能训练的综合效应:协同效应 ………………… 68
- 5.13 小结 ……………………………………………………………… 70
- 参考文献 ……………………………………………………………… 71

第6章 直升机水下逃生训练中的生理和认知变化 …………………… 74

- 6.1 引言 ……………………………………………………………… 74
- 6.2 排斥训练 ………………………………………………………… 75
- 6.3 生理变化 ………………………………………………………… 76
- 6.4 直升机水下逃生训练与认知 …………………………………… 78
  - 6.4.1 前额叶皮层 ………………………………………………… 78
  - 6.4.2 海马体 ……………………………………………………… 81
  - 6.4.3 对威胁反应的个体差异 …………………………………… 82
- 6.5 对直升机水下逃生训练生理反应的介质 ……………………… 82
  - 6.5.1 社会支持 …………………………………………………… 82
  - 6.5.2 情绪状态 …………………………………………………… 83
  - 6.5.3 营养状况 …………………………………………………… 84
  - 6.5.4 提高表现的药物增强剂 …………………………………… 84
- 6.6 直升机水下逃生训练的现实意义 ……………………………… 85
- 6.7 训练后的生理反应 ……………………………………………… 85
- 6.8 建议 ……………………………………………………………… 86
- 参考文献 ……………………………………………………………… 87

第7章 逼真度在直升机水下逃生训练中的应用及启示 ……………… 95

- 7.1 引言 ……………………………………………………………… 95
- 7.2 逼真度的情境化 ………………………………………………… 95
- 7.3 模拟训练环境的应用 …………………………………………… 97
- 7.4 部分任务训练与完整任务训练 ………………………………… 97
- 7.5 物理/功能/认知模拟逼真度 …………………………………… 98
  - 7.5.1 物理逼真度 ………………………………………………… 99
  - 7.5.2 技能迁移 …………………………………………………… 101
  - 7.5.3 抗坠毁座椅 ………………………………………………… 103
  - 7.5.4 功能逼真度 ………………………………………………… 104
  - 7.5.5 认知逼真度 ………………………………………………… 105
- 7.6 训练中的情境干扰 ……………………………………………… 106
- 7.7 未来表现的可预测性 …………………………………………… 106

XI

   7.7.1 直升机水下逃生训练低逼真度模拟 108
   7.7.2 直升机水下逃生训练中逼真度模拟 109
   7.7.3 直升机水下逃生训练高逼真度模拟 109
   7.7.4 直升机水下逃生训练极高逼真度模拟 109
 7.8 小结 110
 参考文献 110

第8章 直升机紧急呼吸系统 115

 8.1 紧急呼吸系统的必要性 115
 8.2 紧急呼吸系统的发展历史 118
   8.2.1 军队和海岸警卫队机组人员使用紧急呼吸系统的早期发展历史 118
   8.2.2 海上乘员使用紧急呼吸系统的发展历史 121
 8.3 设计 122
   8.3.1 通则 122
   8.3.2 压缩空气型紧急呼吸系统 122
   8.3.3 循环呼吸型紧急呼吸系统 123
   8.3.4 混合型紧急呼吸系统 124
 8.4 紧急呼吸系统性能 124
   8.4.1 通则 124
   8.4.2 佩戴 124
   8.4.3 使用时间 125
   8.4.4 呼吸性能 125
   8.4.5 兼容性和集成性 126
   8.4.6 评估性能的技术标准 126
 8.5 紧急呼吸系统使用训练 127
   8.5.1 训练级别：水上还是水下 127
   8.5.2 训练频率 128
   8.5.3 训练逼真度 129
 8.6 小结 129
 参考文献 129

第9章 直升机运输抗浸服 134

 9.1 引言 134
 9.2 直升机运输抗浸服 135

  9.2.1 直升机运输抗浸服的构造和穿戴 ……………………………… 135
  9.2.2 密封脖套 ………………………………………………………… 136
  9.2.3 隔热结构 ………………………………………………………… 138
 9.3 密封系统及附件 ……………………………………………………… 139
  9.3.1 抗浸服号型 ……………………………………………………… 139
  9.3.2 逃生浮力 ………………………………………………………… 140
 9.4 逃生技能保持和逃生浮力 …………………………………………… 143
 9.5 逃生浮力测试方法 …………………………………………………… 143
  9.5.1 加拿大测试标准 ………………………………………………… 144
  9.5.2 国际通用测试标准 ……………………………………………… 144
  9.5.3 逃生浮力的现实影响 …………………………………………… 144
 9.6 逃生浮力的其他影响 ………………………………………………… 145
  9.6.1 热防护 …………………………………………………………… 145
  9.6.2 水浸入 …………………………………………………………… 146
  9.6.3 设备集成和钩挂 ………………………………………………… 147
  9.6.4 伙伴绳 …………………………………………………………… 147
  9.6.5 紧急呼吸系统 …………………………………………………… 148
 9.7 钩挂测试方法 ………………………………………………………… 148
 9.8 标准的重要性 ………………………………………………………… 149
 9.9 热舒适性和情境意识 ………………………………………………… 150
 9.10 对直升机乘客的浮力要求 ………………………………………… 151
  9.10.1 漂浮性能 ……………………………………………………… 152
  9.10.2 防雨罩 ………………………………………………………… 152
 9.11 小结 ………………………………………………………………… 152
 参考文献 …………………………………………………………………… 154

第10章　海上直升机作业的研究成果和未来发展方向 …………………… 160

 10.1 引言 ………………………………………………………………… 160
 10.2 水上迫降生存的理论估计 ………………………………………… 161
 10.3 直升机水下逃生训练差异的影响 ………………………………… 161
 10.4 影响迫降生存力的认知、心理和生理因素 ……………………… 162
 10.5 对影响逃生的因素的重点讨论 …………………………………… 162
 10.6 未来的展望和建议 ………………………………………………… 163
 参考文献 …………………………………………………………………… 165

XVII

第1章
影响海上直升机运输安全的因素

Michael J. Taber
(加拿大新斯科舍省达特茅斯市　加拿大法尔克安全服务公司)

1.1　引言

撰写本书的主要目的是对驾驶和乘坐直升机在水上飞行的数百万人群进行知识普及并使其做好准备。无论是飞行操控人员,或是操控系统维护人员,还是乘坐直升机在水上飞行人员,本书旨在为其提供一系列关于直升机水下逃生的详细信息,以便在直升机出现问题并决定实施水面迫降时,更好地进行迫降应对准备。希望通过掌握这些信息,读者能够在飞行过程中应用各种方法来积极保障自身的安全。

直升机安全咨询会议(2014)报告提供了关于石油和天然气行业直升机水上飞行次数的相关信息,2009—2013年平均有2307193名乘员在墨西哥湾海域各设施间往返飞行。英国石油天然气公司(2011)报告称,1981—2010年英国大陆架上的直升机运送了大约5400万名海上人员。即使在战争时期的军事运输中,也没有如此大规模地采用直升机将人员运送到工作地点。海上直升机运输是为数不多可以每年为数百万人提供符合职业组织/规范要求的交通方式之一。由于众多人群采用这种交通方式,而且在直升机运营时会涉及多个监管机构、不同类型直升机和多样化作业环境,因此考虑影响海上生活这一独特方面的共识因素是非常重要的。

本书将从安全的角度,重点讨论海上直升机运营相关的直升机水下逃生训练(HUET)。它涵盖与海上直升机运输安全直接相关的问题,如安全管理系统(SMS)、当前机身使用状况、飞行前准备、安全简令、救生装备、水下逃生训练、坠水撞击/水上迫降统计以及搜索救援,目标是使人们更加充分地做好应对此类事件的准备,因为自2000年以来平均夺走了约30%相关人员的生命。此外,本书也详细介绍了每个受关注领域的近30年相关海上运营信息。书中所载信息旨在为海上作业人员、石油和天然气运营商、安全与救生教员、全球海上工作人员以及对水上直升机作业感兴趣的人群提供全面的参考指南。

在第一次世界大战后期，HUET 的必要性就得到了公认，到现在已成为训练要求，从这个角度出发，可以对早期 HUET 进行一系列探讨。从 1944 年首次报道的水上迫降事故(Brooks,2007)到 2014 年在设得兰群岛附近发生的事故(AAIB,2014)可知，影响生存的因素有许多共性问题，但监管机构、训练机构和运营商尚未充分解决这些问题。在大多数情况下影响生存的因素是相当简单的，而在少数情况下也存在着一系列复杂的问题，作为一个行业我们可能永远无法完全解决这些问题。然而，通过梳理关于生存的世界领先权威意见可以实现本书的目标：阐明这些需要攻克的问题，并提供一些可行的解决方案。

事故调查报告中概述的早期水上迫降经历似乎主要集中在与极端情况下行为表现相关的人为因素上。这一关注点完全基于系统方法，仅考虑飞行员和周围环境之间的相互作用。这些初步调查表明，最佳的可行解决方案是从系统中剔除问题，因为普遍认为人类容易且不可避免地会犯错误(Dekker,2014)。通过创建能防止人为差错的系统，可以限制故障事件发生的次数及其相关后果。遗憾的是，如果个体存在足够的动力，或者以设计用途以外的方式使用设备(如抵抗差错的能力大于防差错设计功能)，系统方法就无法解决工作流程相关的问题。

在第二次世界大战期间，已经对工程和人员选拔中的人为因素进行了优化，大大减少了与飞行员和机组人员有关的航空差错(Dekker,2005;Strauch,2007)。然而，仍然会发生偶然差错，对于那些靠驾驶操控飞机谋生的人群来说，灾难性事故仍然是(现在仍然是)需要面对的问题。事故调查通常是从机械的角度关注问题。这并不奇怪，通常这些报告包含着详尽的事故细节，并记录了可能导致事故的机械部件的复杂工作过程。如果没有发现机械故障，就会假设事故是由人为差错而引起的(Dekker,2014;Reason,1990)。

本书特别关注的一点是，在冗长的事故调查报告中，与水上迫降或坠水撞击有关的人员救生问题往往只占极少的篇幅(Brooks, MacDonald, Donati, Taber, 2008; Taber, McCabe, 2006, 2009)。即使事故的主要或根本原因是"人为差错"，这些报告往往也忽略了关键的救生问题，例如，个体是否完成了预先逃生训练，训练类型、模拟器类型、水温和浪高，有无或使用紧急呼吸系统(Brooks 等,2008)。此外，通常也不会对飞行员或机组人员的咖啡因水平、事故前 12h 睡眠时间、饮水量、卡路里摄入量和应对压力的能力等因素进行全面评述。如果缺乏这些关键信息，那么为应对直升机水上迫降/坠水撞击困境而设计的训练课程不太可能接近实际情况。通过提供有关逃逸救生的具体信息，而不是仅仅提及个体淹溺或无法逃脱的情况，这样才能够为 HUET 课程开发人员和教员提供指南。

为了开发更好的 HUET 课程，解决相关影响因素的问题，并最终提高个体的生存能力，本书从探讨先驱者开始，他们认为直升机水下逃生训练是要求人员执飞一方的基本责任。通过探索 HUET 的早期起源可以确定逃生训练的重点最初是遵循系统方法(Reason,2000),该方法对飞机设计、出口设置和尺寸要求以及救生设备的类型/位置进行了检视研究。后来,训练重点发生转移,开始遵循个体方法来解决问题(Reason,2000)。然而,这种方法认为错误是注意力、专注力和动机等方面存在缺陷导致的,进而导致健忘、草率、疏忽和鲁莽的行为(Burnham,2009;Reason,2000)。

对于那些能够采取正确方法从水下机舱成功逃生者,遵循个体方法进行研究,很难考虑到其生理和心理方面的问题或错误。个体方法的发展难点在于这类事故发生迅速(Brooks 等,2008),且参考信息仅限于水域事故幸存者的第一手资料。制约该方法发展的实际情况是,很难弄清楚在迫降时有些个体能幸存(尽管从未完成 HUET 课程)而有些却不能幸存(尽管接受过训练且在事故中没有受伤)的原因。然而,如果 HUET 课程遵循的研究方法包括系统方法和个体方法,可以从人-系统整合(HSI)的整体角度着手分析影响最佳表现的众多因素。

1.1.1 人-系统整合

在阅读本书时,从如何使个体为紧急事件做最佳准备的角度来考虑海上直升机运输相关的影响因素是非常重要的。尽管日常运营是整个运输过程的重要组成部分,但本书主要研究水下逃逸救生的训练过程。从人与系统交互的角度进行考核,以确保考虑所有因素(从要求训练到个体逃生并获救的全过程),从而提高生存能力。

HSI(最初称为 MANPRINT,即人力人事整合)框架最先是由美国陆军研究人员开发的(Booher,2003),旨在系统地研究人员选拔和设备设计标准等人因问题,以减少差错和提高任务成功率。目前,HSI 包括从人因工程到生存能力评估 13 个组成部分。通过对执行任务的环境条件、环境中可用的技术以及影响任务表现的人员能力/局限性进行系统整合,可以确定一个最佳的训练和评估过程,以提高记忆力、易用性、习惯能力和生存能力。如果表现/结果评估没有包括三个主要因素(环境、技术和人员),那么重点可能(而且常常)放错了地方。例如,典型的直升机水上迫降/坠水撞击事故调查主要侧重于事故的起因,而很少关注那些可以帮助大多数不参与飞机驾驶的群体做好应对准备的信息。

1.1.2 直升机事故统计

为了便于理解 HSI 方法,本书多个章节对直升机水上迫降或坠水撞击进行了讨论。水上迫降和坠水撞击之间的区别仅在讨论初始入水冲击力时才有重要意义。显然,如果冲击力太大,超过了人类耐受水平,生存的可能性就极为有限。通常,这类事故定性为坠水撞击,其发生频率低于半控制着水。相反,当直升机仍在机组人员控制之下时,存在有限冲击力的事故通常称为水上迫降。水上迫降,特别是直升机在水面保持直立状态的事故中,要比坠水撞击有更大的生存机会。研究还表明,如果直升机保持在水面上,无论直升机是直立状态还是倒扣状态,生存概率会更高(Taber,McCabe,2007)。

有趣的是,英国民航局(CAA,2013)将不可生存事件定义为"没有或只有极少幸存者"。基于水上迫降和坠水撞击之间的区别,这种对不可生存事件的定义很难与一些个体幸存事件调和一致。因此,本书没有对水上迫降和坠水撞击进行区分。可生存事件被定义为至少有一人成功逃生并获救的事件。不可生存事件被定义为冲击力足以使所有人失去知觉(因此无法屏住呼吸)和/或在撞击过程中所有人受到致命伤害的事件。

为了探讨直升机事故的普遍性,本书中对一系列事故进行了探究,以试图找出总生存率方面需要改进的领域。例如,英国民航局(CAA,2013)报告对1967—2012年发生的28起事故进行了回顾,其中有7起(25%)是不可生存的坠水撞击事故。这7起事故约占16起坠水撞击事故的44%;然而,无法确定是否有人在不可生存事件中幸存下来(CAA,2014)。从直观上来看,可以假设没有人幸存下来;但是,鉴于英国民航局所给的定义,整体上也不是完全明确。例如,如果将英国民航局关于不可生存事故的标准应用于2009年3月12日发生的事件("美洲狮"491号),则这次水上迫降可能不会进行类似的调查(只有1人存活)。然而,事故调查报告中明确指出,所有乘员和机组人员在初始冲击力作用之后存活下来了(TSBC,2010)。如果研究范围不包括所有水上迫降事故,就很难真正了解在未来的运营中可以得到改进的领域。

1.1.3 相关安全法规和现行标准

在分析如何使海上工作人员能够充分准备好,以应对如水上迫降/坠水撞击等紧急情况时,应从HSI机制的角度考虑相关立法及安全标准,以确保涵盖人员选拔、安全训练和危险识别等方面。从HSI机制的角度探讨相关的安全法规,可以确定具体法规要求存在的差距。根据这些差距可以制定出一个通用标准,或至少在全球范围内提高训练认可的互惠性。

1.1.4 安全文化与安全氛围

加拿大交通部(2008)将安全文化定义为"决定组织健康与安全管理的承诺、风格和熟练程度的个体和群体价值观、态度、感知、能力和行为模式的总和"(3.5.2节)。Taber(2010)写道:"综合起来,安全管理系统、安全氛围和安全文化代表了海上工作人员、运送个体的飞行员、个体工作单位的架构、个体所处的地理环境因素和保持系统安全高效运行的设备技术等共性方面。"James Reason(1997)认为:"理想的安全文化是持续推动系统朝着最高安全目标前进的引擎,与领导层个性或当前商业问题无关。"

石油和天然气行业的安全文化有着悠久的历史。另外,正式书面信息很少提及安全氛围。据称,安全氛围对组织内部发生的变化非常敏感,能够反映出全体员工当前的情绪,因为它与最近发生的安全事故有关(Cox, Flin, 1998)。例如,Mearns, Whitaker, Flin(2003)写道:安全环境氛围是"安全文化在员工行为和所表达态度中的体现"。在加拿大直升机设得兰岛和"美洲狮"491号两起水上迫降事故发生之后,可以立即看到这种效果。对英国北海和加拿大的海上工作人员进行直升机安全调查,结果表明,在海上设施之间乘坐直升机往返时,分别有44%和28%的被调查者感到不安全(Wells, 2010)。正式认同安全问题并不一定表明组织的安全文化或安全管理系统不够完善;但是,正如Reason(1997)指出,确实可以看到人员行为的变化是最近事故引起的,通常这种变化是"短暂的"。

1.1.5 本书其他章节概述

本书其他章节重点阐述了直升机水上迫降/坠水撞击事件后影响生存的各种因素的多样性。这些章节涵盖的主题比较广泛,从HUET课程的开发到与执行逃生相关的生存任务所产生的生理和心理准备及反应。每一章旨在增加或加强对水下逃逸救生相关因素的共识。

第2章探讨了HUET课程的开发与实施。采用简短的情景片段描述了个体参与水上迫降的经历,使提供的信息更加直观且容易理解。这些信息为训练方法之间的差异提供了一个参考点,并概述了过去30多年这些课程的发展情况。从这一起点出发,就可以识别出现有技术需要改进的方面,以及在应用训练技术方面还需要取得进展的方面。

第3章概括性地针对生存相关的心理因素进行了探讨。本章对影响决策的关键方面进行了识别,旨在为生存计划的制定提供帮助。特别对工作记忆、执行注意力以及监管系统方面的认知功能障碍进行了深入探讨。在最初习得技能的过程中,考虑能够提升技能保持水平的信息是至关重要的。

第4章从更多生理学的角度考虑生存问题,同时考虑总体生存率的一般性。具体来说,本章探讨了人类对突然冷水浸没的反应。冷水浸没的四个阶段用于确定应急呼吸辅助系统使用时需要考虑的因素,以帮助水上迫降处境中的个体。

第5章从更加关注HUET的角度开始整合心理学和生理学的相关方面。在典型的生理反应方面考虑了对紧急事件的心理准备,并深入探讨了可在短期和长期方法中采用的缓解策略。本章综合梳理了几个冷水屏气的研究项目,以确定个体如何更好地准备应对与突然浸没相关的生理效应。

第 6 章进一步讨论了与 HUET 课程表现相关的心理影响。这些信息给出了在压力状态下导致认知障碍的大脑神经化学物质的变化规律。基于先前的研究，提出了关于如何更好地为 HUET 表现要求做准备，并最终能在实际事故中成功生存的建议。

第 7 章探讨了在技能习得和保持中采用不同逼真度水平可能产生的影响。对生理、功能、认知/心理等逼真度进行了区分。通过探讨机舱配置、抗坠毁座椅相关的问题，以及是否靠近紧急出口等问题，认为在训练中整合情境干扰可以提高 HUET 技能的保持水平。同时还讨论了在训练期间需要确保高水平的生理逼真度的理由，以及 HUET 课程是开发能够在紧急事件中采用急性应激管理技巧的理想环境的原因。

第 8 章在 HUET 课程训练设备和课程资料的基础上，讨论了紧急呼吸系统（EBS）的使用。本章详细概述了目前在 HUET 课程中所使用的两种特定类型 EBS。通过对各种设计标准的讨论，明确了英国石油和天然气行业从循环呼吸型 EBS 转为采用压缩空气型 EBS 的原因。同时还介绍了在 HUET 课程中解决急性应激需要考虑的训练技巧。

第 9 章继续探讨关于 HUET 课程训练和操作设备相关的内容。确切地说，本章提供了关于直升机运输抗浸服（HTS）和相关救生衣的详细信息。由于在加拿大、挪威、英格兰、苏格兰和荷兰等地区有大量人员从事海上作业，所以 HTS 倾向于冷水环境。特别重视如合身、进水和辅助救生设备等方面的问题，以确保在水上迫降/坠水撞击的情况下保持最高生存水平。

第 10 章对每章所包含的信息进行了总结。本书中所介绍的信息集中代表了一些世界领先权威机构在 HUET 相关训练方面的集体认知。为了充分利用这些知识，并为将来的改进提供一些指南，总结部分提出一套可以在国际上使用的 HUET 最佳课程设置。

参考文献

[1] Air Accident Investigation Branch. (2014). Special bulletin S1/2014. AS332 L2 Super Puma, G-WNSB.

[2] Booher, H. R. (Ed.). (2003). *Handbook of human systems integration*. New Jersey: Wiley.

[3] Brooks, C. J. (2007). The human factors of surviving a helicopter ditching. In *Research and Technology Organization, North Atlantic Treaty Organization, Survival at sea for mariners, aviators, and search and rescue personnel*. RTO AGARDograph, AG-HFM-152.

[4] Brooks, C. J., MacDonald, C. V., Donati, L., & Taber, M. J. (2008). Civilian helicopter accidents into water: analysis of 46 cases, 1979–2006. *Aviation, Space, and Environmental Medicine*, 79(10), 935–940.

[5] Burnham, J. C. (2009). *A history of technology, psychology, and misfits of the machine age: Accident prone.* Chicago: The University of Chicago Press.
[6] Civil Aviation Authority. (2013). CAP 1034-*Development of a technical standard for emergency breathing systems.* Norwich, UK: TSO (The Stationary Office) on behalf of the UK Civil Aviation Authority.
[7] Civil Aviation Authority. (2014). CAP 1145-*Safety review of offshore public transport helicopter operations in support of the exploitation of oil and gas.* West Sussex, UK: Safety and Airspace Regulation Group.
[8] Cox, S., & Flin, R. (1998). Safety culture: philosopher's stone or man of straw. *Work and Stress*, 12(3), 189-201.
[9] Dekker, S. (2014). *A field guide to understanding human error* (3rd ed.). Burlington, VT: Ashgate Publishing Company.
[10] Dekker, S. W. A. (2005). *Ten questions about human error: A new view of human factors and system safety.* Mahwah, New Jersey: Lawrence Erlbaum Associates, Publishers.
[11] Helicopter Safety Advisory Conference (HSAC). (2014). *Helicopter safety advisory conference (HSAC): 2013 Gulf of Mexico offshore helicopter operations.* Available from http://www.hsac.org/portals/45/HSAC%202013%20Report.pdf.
[12] Mearns, K., Whitaker, S. M., & Flin, R. (2003). Safety climate, safety management practices and safety performance in offshore environments. *Safety Science*, 41, 641-680.
[13] Oil & Gas UK. (2011). *UK off shorecom merci alair tran spor the licop tersa fetyr ecord* (1981-2010). The United Kingdom Offshore Oiland Gas Industry Association tradingas Oil & Gas UK. Document available at http://www.oilandgasuk.co.uk/cms files/modules/publications/pdfs/HS027.pdf.
[14] Reason, J. (1990). *Human error.* New York: Cambridge University Press.
[15] Reason, J. (1997). *Managing the risks of organizational accidents.* Burlington, VT: Ashgate Publishing Limited.
[16] Reason, J. (2000). Human error: model sand management. *British Medical Journal*, 320(7237), 768-770.
[17] Strauch, B. (2007). *Investigating human error: Incidents, accidents, and complex systems.* Burlington, VT: Ashgate Publishing Company.
[18] Taber, M. J. (2010). *Offshore helicopter safety inquiry report.* In Wells, R. W. (Commissioner) (Ed.), Canada-New found land and Labrador offshore helicopter safetyinquiry. Vol. II, pp. 211-290. Docu men tavai lableat http://oshsi.nl.ca/? Content = Reports.
[19] Taber, M. J., & McCabe, J. (2006). Helicopter ditching: time of crash and survivability. *SAFE Journal*, 34(1), 5-10.
[20] Taber, M. J., & McCabe, J. (2007). An examination of survival rates based on external fiotation devices: a helicopter ditching review from 1971 to 2005. *SAFE Journal*, 35(1), 1-6.
[21] Taber, M. J., & McCabe, J. (2009). The effect of emergency breathing systems during helicopter underwater escape training for land force troops. *Safety Science*, 47(8), 1129-1138.
[22] Transport Canada. (2008). Guidance on safety management systems development. *Advisory*

Circular 107-001 *Issue* 01.

[23] *Transportation Safety Board of Canada.* (2010). Main gear box malfunction/collision with water: Cougar Helicopters Inc. , Sikorsky S-92A, C-GZCH, St. John's Newfoundland and Labrador, 35NME,12 March 2009. Aviation Investigation Report A09A0016. *Minister of Public Works and Government Services Canada.*

[24] *Wells*, R. (2010). Canada-Newfoundland and Labrador offshore helicopter safety inquiry(*Vol. I*). St. John's, NL: Canada-Newfoundland and Labrador Offshore Petroleum Board.

第2章
直升机水下逃生训练课程的开发与实施

Sean Fitzpatrick
(加拿大新斯科舍省达特茅斯市 加拿大法尔克安全服务公司)

2.1 引言

让一门直升机水下逃生训练(helicopter underwater egress training, HUET)课程脱颖而出的原因是什么?在紧急迫降时,一名即将掉入冰冷水中的直升机乘员在想什么?在真实发生的水上迫降事件中,学员生存所需要的信息和技能是什么?HUET课程应当如何组织和实施?学员认为HUET对其生存能力有影响还是没有影响,而训练机构是否对学员的表现进行了适当的评估?创建有效的HUET课程必须具备哪些特征?

本章所载信息适用于训练机构、标准组织、HUET教学团队以及乘坐直升机往返海上设施的人群。还讨论了从第一次世界大战前到现在的水上迫降训练历史。这些信息是通过假设的一手资料来融入实际背景,以描述一名水上迫降幸存者可能必须要面对的状况。从这个角度来看,这些信息是目前世界各地交付的各种HUET课程的综述。本章还描述了水上迫降的四个阶段,力图概括每个阶段的重要信息。本章也就安全规程进行了讨论,并深入探讨了如何组织与实施课程训练。最后,通过一个概念框架对必要的训练结果、表现评估和有效HUET课程的特点进行概述。

2.1.1 水上迫降训练的历史

自20世纪初飞机在航空母舰上起飞或着陆时发生的第一次水上迫降开始,HUET课程和模拟器一直在发展和演变。已知最早的一次水上迫降事件发生在1912年7月31日,西奥多·G·艾利森中尉(美国海军第一位飞行员)在马里兰州安纳波利斯市进行早期弹射系统试验时发生了水上迫降,他驾驶的A-1型"三和弦"飞机遭遇侧风,导致人机一起坠入塞文河中。当时,美国海军关注的重点是在迫降入水后便于打捞飞机的设备和程序。而对于协助机组人员或乘员从灌满水甚至可能沉没的飞机中逃生所需的技术,并没有给予太多的重视。

美国海军航空博物馆报告中记录:在第二次世界大战期间,几架F-4F型"野猫"战斗机从"大黄蜂"航空母舰(舷号:CV-8)起飞,在执行任务后因燃料耗尽而被迫水上迫降。约翰·马格达中尉在一份事后报告中写道:"每架飞机都应该有一份水面迫降'检查单',因为在水上迫降时可能会忘记一些检查事项,将会导致非常严重的错误。在飞机撞击水面后,几乎没有时间做任何事情——最多30s(美国海军航空博物馆)。"另一名VF-8型飞行员H.L.塔尔曼中尉写道:"坠水撞击并不严重,但涌进驾驶舱的水流和撞击时的水花飞溅,会让人意识到飞机正在坠落。事实上,当恢复知觉时(1~2s),水已经淹到脖子了(美国海军航空博物馆)。"

基于这些早期的经验,正如我们今天所知道的,HUET课程最初源于呆伯特沉箱的使用。呆伯特沉箱(图2.1)是由威尔弗雷德·卡内布海军少尉设计和制造的,用于单座机飞行员训练。当模拟驾驶舱被释放时,它靠重力沿着一对钢轨向下运动,直到撞进水里时翻转。然后,要求飞行员克服水流涌入和方向迷失等障碍,并成功逃脱。

卡内布回忆道:在呆伯特沉箱开发期间,一位高级军官建议设计一种能够"让人们了解淹溺感觉"的机器(美国海军航空博物馆)。在回顾呆伯特沉箱的历史时,美国海军航空博物馆认为,卡内布的目标并不是让学员了解淹溺的感觉,而是想教会他们如何在水下定向和成功逃生。

图2.1 加拿大海鸥基地12联队在1980年使用的呆伯特沉箱
(图片来自Taber,Bohemier(2014),并获准使用)

由于呆伯特沉箱是当时唯一的水下逃生模拟器(UES),直升机和固定翼飞机的机组人员都用它进行训练。然而,主要训练问题之一是呆伯特沉箱入水时并不会像直升机那样侧翻。为了解决不能侧翻和同时容纳多名学员的问题,伯泰克公司在 1974 年推出了 9D5 型直升机 UES(图 2.2)。9D5 型模拟器能够使机组人员和乘员熟练掌握水上迫降直升机逃生技术。它有一个基础前舱(驾驶舱)和通用后舱,前舱最多可以容纳两名学员,后舱可以容纳 4 名学员(Cunningham,1978,9D5 型模拟器的未来构想)。这款模拟器并不模拟任何特定的直升机;相反,它被认为是能够模拟当时美国海军和海军陆战队所有在役直升机的复合模拟器(见第 7 章,关于通用 UES 的讨论)。这种复合设计是通过采用通用型舱口抛放机构(如上提、下拉、前推、后拉等)来实现的。

图 2.2 佛罗里达州彭萨科拉市海军航空基地(NAS)
的美国海军伯泰克 9D5 型模拟器
(图片由美国海军航空生存训练课程 Smith,Ray E. 提供)

继 9D5 型之后,伯泰克公司在 1985 年推出了麦克林和吉布森型 UES。与 9D5 型一样,麦克林和吉布森型是为直升机机组人员和乘员设计的能够侧翻的模拟器,其前后两端各有一个仿制的驾驶舱,除了客舱区域的乘员或机组人员以外,一次最多可以训练 4 名飞行员(图 2.3)。虽然对 9D5 型有所改良,但最初的麦克林和吉布森型没有逃生出口(后来才增加出口);与平坦舱壁的直升机相比,圆形舱壁的模拟器降低了逼真度(Summers,1996;第 7 章),而且座椅是不可配置的。

到 20 世纪 80 年代中期,为世界各地的石油天然气行业、军事和民用飞行员开设 HUET 课程越来越普遍,从而产生了对更先进 UES 的需求。1986 年,生存系统有限公司开始建造全新系列的模块化逃生训练模拟器(METS™)。第一款模拟器为 30 型 METS™,于 1987 年在新斯科舍省达特茅斯市投入使用,用于训练加拿大军事空勤人员和海上石油天然气工人(图 2.4)。METS™ 在不断发展和演变,现在

图 2.3 加拿大皇家空军人员在 1984 年训练使用的麦克林和吉布森模拟器
(图片来自 Taber,Bohemier(2014),并获准使用)

已经能够模拟几十种直升机型号、两栖车辆、喷气式战斗机、固定翼飞机以及刚性船体充气艇。

图 2.4 基于 CH124 机身的 METS^{TM}(1987)
(图片来自 Taber,Bohemier(2014),并获准使用)

虽然还有许多其他机构设计和制造 UES(第 7 章),但 METS^{TM} 目前被视为 UES 行业的世界标准。例如,在撰写本章时全世界已经有 100 多种型号的 METS^{TM} 投入使用。

2.1.2 直升机水下逃生训练的开发与实施

在了解了不同类型 HUET 模拟器的发展历史之后,对直升机水上迫降真实事件中个体所面临的实际情况进行关注是很重要的。下面的情景想定是从一个刚刚经历水上迫降个体的视角对其可能的经历进行描述,并且考虑到迫降时舱内存在其他个体的情形。

设想自己是一名海洋技术人员,正乘坐一架小型双发动机直升机在苏必利尔湖上空飞行。机上还有另外一名科研人员和两名飞行员,正在进行一系列静止飞行湖水采样,然后将返回到船舶上。采样方法是让直升机进行低空悬停,然后将探头放入湖中以提取水样。收集的样本数据将有助于跟踪五大湖的水温和盐度。我和另外一名科研人员已经给样品贴好标签,正在准备乘机返航。刚刚落座并固定好四点式安全带,这时听到驾驶员通过机内通信系统进行通报:飞机将爬升到 3000ft(914.4m)高度,预计返航时间约 40min。于是我解开安全带,摘下耳机,在座位上舒展筋骨,闭上双眼,很快就睡着了。

突然同事拍了我的腿并莫名其妙地大喊,我被惊醒了。机舱开始冒烟,而且可以感觉到飞机正在快速下降。虽然看不到明火,但显然直升机上有地方着火了。可以隐约听到警报声,看到驾驶舱仪表板上灯光闪烁。那位同事正忙着捆扎散落在机尾的水样和科研设备。我迅速戴上耳机,听到驾驶员在复诵发动机失火应急程序检查单,并有条不紊地完成了所有检查程序,但语音听起来非常焦虑紧张。驾驶员启动了发动机灭火器,并关闭了两个发动机。这时听到副驾驶说可能是电气故障,于是驾驶员启动国际无线电求救信号,并通报位置。不知道是否会有人收到该求救信号。事态进展非常快,我的肾上腺素在飙升,大脑在飞速运转。

副驾驶迅速通报:直升机正在海面上空紧急下降,并准备迫降。我立即向后靠紧座椅,系紧安全带,双手颤抖,几乎无法抓住安全带末端并拉紧。坐在对面的同事正在疯狂地寻找和扣紧安全带。我瞥一眼窗外,面部出奇地冷漠,注意到直升机正以惊人的速度撞向水面。驾驶员在无线电里大喊:"抱紧防撞!抱紧防撞!抱紧防撞!"当飞机减速且机头上仰时,我感到恶心,但仍旧设法抱紧双臂并抓住肩带。这时我看到那位同事正在扣安全带,满脸震惊与恐惧。然后,我低下头并紧闭双眼。

撞击水面瞬间非常的激烈,使我肺内空气迅速释放,感觉全世界都在旋转。虽然我双眼紧闭,但大脑却同时充斥着运动、噪声、压力、困惑和令人无法把控的局面。机舱里很快就灌满了冰冷的湖水,不断拍打我的脸部;然后,飞机瞬间被完全淹没,并倒扣水中。最初我的本能反应就是逃离:逃离飞机,逃离寒冷,逃离湖水。但当我睁开双眼想看看自己在哪里,遇到何种情况时,9℃冷水却刺痛双眼。尽管下午天气晴朗,但机舱内几乎没有光线,我只能看到一片模糊景象。

坠水后仅仅8~10s,呼吸欲望迅速压倒一切,我强烈想要用牙齿咬穿飞机侧面,以浮出水面来呼吸空气。记住,要取出救生背心口袋里的压缩空气型EBS并戴好。右手沿着胸腔向下移动,摸到二级调节器,从防尘罩里将其拽出来,笨拙地将咬嘴塞进嘴里。深吸一口气,没有得到所期待的新鲜空气,而是一口冰冷的湖水。因为恐慌并试图控制行为,我开始窒息。按下二级调节器表面上的辅助清除按钮,清除嘴里积水,然后又拼命地吸一口气,我还是喝到一些水,但这一次吸到了空气。经过一番努力,在第二次呼气时用力呼出嘴里的积水,然后再深吸一口空气。

我开始呼吸空气!思路回归清晰,可以真实地感觉到胸口心跳在变慢。可以呼吸,也可以思考,知道需要立即逃离。再次睁开双眼,只有1s,但仍然几乎看不到任何东西,只有阴影与黑暗,寒冷迫使我再次闭上双眼。再吸一口气,然后一只手沿着大腿摸到膝盖,再摸到舱壁。将手臂滑入座位旁边的推开式窗口凹陷处,试着推动应急窗口,但没推开;迅速调整身体姿态,集中力量用肘关节挤推窗口一角,这次推开了。当意识到安全通道已打开,可能从这场噩梦中幸存下来,我经历短暂的兴奋和怀疑。

我用外侧那只手牢牢地抓住窗框的底部,因为只有保持住这个窗框出口参照点才能安全逃生。另一只手摸索到安全带上的释放机构,但很难抓紧,因为手几乎冻僵。感觉到释放机构正在转动,但有一股力量将我使劲向窗框拉动。身体突然停下来,起初以为抗浸服被卡住了,所以用力拉自己,却发现被困在座位上。身上仍然系着安全带,并没有完全解开。再深吸一口气,试着用冰冷无力的手再次转动释放机构。又感觉到释放机构"咔嗒"作响,安全带解开,我开始移动,拉动身体穿过窗框,但分不清上下方向。当身体上半部分穿过窗口,我用一只手使劲推应急窗口外侧,身体完全脱离倒扣直升机,再吸一口气,开始向水面发力。像是过了好久,面部冲出水面,我咬住EBS咬嘴直到能够正常呼吸为止。记住,应该给救生背心充满气,以节省体力并易被发现。我努力找到充气开关,但双手又冷又麻,几乎不可能完成救生衣充气。在水里后仰可以看到充气开关。双手冻僵了,但仍设法给救生背心充气,并开始搜寻水中其他幸存者。几秒后,两名驾驶员也浮出水面,我开始向他们呼喊,并朝其方向游去。三人重新会合,镇静下来才意识到机内还有一位同事,两三分钟过去,这位同事没能逃出机舱。

这个情景想定说明了大多数直升机水上迫降时间非常短(不到15s预警)(Brooks,MacDonald,Donati,Taber,2008)。15s甚至更短的时间,意味着几乎没有时间来应对正在发生的事情,更别说想出迫降生存行动计划。迫降结束后,还需要应对突然被冷水浸没所导致的休克(假设处于冷水环境中,见第4章),克服直升机快速灌满水并翻转倒扣所引起的定向障碍和慌乱,回想并实施逃生程序(Leach,2004;Mills,Muir,1999)。每种情景都各不相同,其变化和复杂程度几乎无穷无尽,心理因素也会因人而异(第3、5、6章)。水上迫降事故的发生过程并不是千篇一律的,只有理解这一点才能更好地对乘员和机组人员进行训练,以应对各种可能的情景。这样做即使不能使全部遇险人员生还,也可提高大多数人的生存概率。

尽管 HUET 课程公认的目标是提高生存概率,但全球 HUET 课程的开发和实施几乎与直升机水上迫降环境一样是多种多样的。训练中采用的方法和技术涉及面很广,既有使用专用飞机模拟器进行的高强度高逼真度训练,也有在高度真实的风暴海况条件下进行的程序训练,还有在游泳池里用 PVC 框架塑料座椅进行手动翻转训练(Taber,2010;Taber,2014;Wells,2010;详见第 7 章)。造成训练逼真度不同的原因很多,包括成本、时间、设备可用性、特定地区政府标准及行业标准、学员的态度以及课程教学团队的工作热情、技能和知识。

世界各地的教育机构、私营公司(大、小型)、民航组织和军事团体提供了各种各样的 HUET 方法。如上所述,所有这些课程都有一个共同目标:拯救生命。然而,有些课程会更优质,其等级差别并不取决于提供训练的组织或公司的类型。

2.1.3　课程类型

2.1.3.1　军事课程

精英军事 HUET 课程通常被认为是顶级训练课程,如交付给美国或加拿大军队的课程。这些课程是为特定机型量身定制的,其理论和实践课程都是针对每位机组成员具体任务进行设计的。为了增强在紧急情况下执行关键任务的专一性,鼓励机组人员尽可能一起参加训练。根据事故调查报告的结果,这类课程是针对飞机类型、飞行条件和通用飞行任务设计的,重点关注飞行的关键阶段(如起飞、悬停、着陆和进近)。夜间作业也受到特别关注,因为在迫降之前和迫降期间能见度降低,会增加水下逃生后的生存难度,并且使夜间救援更加困难(Taber,2010,2014)。

在训练军事人员时,HUET 模拟器通常复制相应型号作战飞机的配置(图 2.5)。紧急出口的位置尽可能与座位和设备的位置精确对齐。头盔包、担架、救生船、工作站、飞行控制装置、头顶或中央控制台、传感器操作员站、紧急逃生照明系统、内部逃生导向杆和其他相关逃生标志都被纳入模拟器中,以确保人员在训练过程中掌握逃生流程,并能在真实迫降事件中直接转化为行动(第 7 章)。为了进一步改善训练环境,机组人员应穿戴典型的飞行服、救生背心、机组安全带、背式或座式救生包以及飞行头盔,还可能配备模拟夜视镜和通信线缆。如果直升机是用于运送士兵或特种作战人员,训练装备还可能包括个人安全带、防弹衣、防毒面具、橡胶武器、快速绳索或索降安全带。搜救人员或飞行工程师也可以使用卷尾端或绞吊点进行训练。

训练内容是从一级、二级和三级机组人员位置进行逃生。训练时逃生出口可

(a) (b)

图2.5 HUET模拟器内部军事配置示例

能已经就位;或已被教员/其他学员抛掉,或设置在侧门或尾门等开放位置。学员以坐姿、跪姿、约束或自由站姿进行训练;可以坐在地板上,双脚悬于窗外,并与快速索降或坐式索降的锚点连接好。根据飞机类型和个人设备的不同,学员也可以从抗坠毁座椅上逃生;在出舱之前,通常要拔掉通信线缆或摘掉飞行头盔。机组人员通常需要按顺序等待逃生,依次轮流出舱。虽然,对于许多机组人员来说这是一个现实的情况,但目前它还不是一种完全为海上乘员提供的逃生训练程序。

随着水下逃生训练的进步和发展,训练强度越来越大,风、浪、雨、微光或漆黑以及一系列音效都会加入到训练中以增强真实感。所有或部分训练也可能包括压缩空气型 EBS 的使用(Civil Aviation Authority,2013;另见第8章)。在倒扣逃生训练之后或之前,学员还将进行集体水面撤离或悬停撤离训练。将要求学员给救生背心充气,登上救生船,固定船篷,并在模拟风暴中完成海上生存,直至获救。

这种类型的复杂训练和综合任务要求可能最开始会显得很复杂。然而,随着教学人员对飞机布局和配置越来越熟悉,包括每个学员使用的设备类型及其在直升机上的角色和职责,更容易找到针对个体的特定交互需求,为可能的水上迫降做好准备。在军用飞机水上迫降课程的多层面动态领域中,成功训练的关键是了解特定组织或单位的相关具体需求。

2.1.3.2 准军事/民用课程

民航 HUET 课程也相当多样化。举几个例子,可能包括合同搜救(SAR)、执法、空中监视、空中救护和海上航线飞行员等课程。与军事 HUET 课程类似,开发和交付适用课程的关键是花时间研究和了解相关组织。由于民航机构的运行节奏通常不像军队那么快,因此他们的训练强度通常较低。此外,强制要求各民航团体进行水上迫降训练并不普遍,有些可能已做要求,而有些可能没做要求。其他个体,如海上航线飞行员,大部分时间用于运送油气工人往返于海上设施或船舶,更有可能被要求将 HUET 作为服务合同内容之一。不管法律如何规定,无论是否要求,参加水上飞行的飞行人员通常都会寻找水上迫降课程。尽管这种训练可能不需要具有与军事 HUET 课程相同的强度,但训练提供方必须花时间研究相关组织并制定适用于目标群体的训练课程。在这些课程开发完成并付诸实施后,就必须保持与时俱进并根据需要进行更新。

当训练提供方开发通用的直升机或固定翼飞机水上迫降课程时,如果没有考虑特有设置/设备之间的差异以及跨平台应用问题,那么受害者将是终端用户。例如,如果训练机构提供为期一天的 HUET 课程,并且将油气工人、空中监视人员、飞行员和空中医务人员归入同一类别人员,那么不可能满足每个群体的所有具体要求。理论训练内容可能涉及与直升机水上飞行的基本紧急状况以及撞击后应采取的行动相关的一些共性问题;但是,如果没有具体的操作差异,学员可能会发现信息过于简单而没有任何价值。对于这样一个多类别人员群体,实践训练只能让学员接触到直升机水下逃生的表面知识,而不太可能为现实迫降事件做好充分的准备。一般来说,HUET 监管要求对 UES 和训练规程的现实应用程度具有很大的影响。在不清楚具体问题的情况下,假设操作人员依赖监管要求,并假设训练提供方尽其所能为学员做好训练工作,这并非不合理。从训练的角度来看,遗憾的是"你并不总是能够掌握你所不了解的事物。"

2.1.3.3 海上专门课程

对于乘坐一样飞行条件的相同型号飞机的大量群体来说,标准化 HUET 课程训练效果很好。标准化 HUET 课程的最好案例就是为油气工人提供的课程。例如,根据英国大陆架海上劳动力人口统计报告,2013 年在北海(North Sea)共有 61892 人前往海上旅行(2014 年英国大陆架海上劳动力人口统计报告;Oil & Gas UK,2014)。核心员工(在海上度过超过 100 个夜晚的群体)的数量是 27749 人。全球每年有超过 10 万人前往海上旅行(2014 年英国大陆架海上劳动力人口统计报告;Oil & Gas UK,2014)。

当面对这么庞大的群体时,HUET 课程应保证优质性、一致性与安全性。海洋石油工业训练组织(OPITO)、挪威石油工业协会(OLF)或加拿大石油生产商协会(CAPP)等组织都在努力实现这样的课程,但其训练开发和实施的方法有很大区别。

1) CAPP 标准 HUET

例如,CAPP(2013)发布了《大西洋加拿大海上石油行业人员训练和资格认证标准规程》,要求所有参与海上区域飞行的人员都要进行 HUET 训练。HUET 能力要求反映了 CAPP 已经清晰认识到实际水上迫降时个体所需的技能。具体任务要求是在与 HUET 课程教员协商并基于实证研究结果的基础上制定的。这些技能是基本生存入门训练和基本生存进修训练(BST 和 BST-R)的内容之一,要求加拿大地区所有工人在乘坐直升机出海之前必须掌握。来访者(以及 12 个月内在海上逗留不超过 7 天的人群)也必须完成海上生存入门课程(OSI),该课程对来访者 HUET 能力的要求与长期海上工作人员相同。

CAPP 要求工人使用代表性的紧急出口与推出式逃生窗口完成 HUET(图 2.6)。其中,"代表性"是指训练用的紧急出口为海上运送工人直升机出口的高仿品。考虑到乘员可能坐在飞机左舷或右舷,CAPP 还要求人员从模拟器两侧进行倒扣逃生。学员还必须证明,可以从全行程位置的模拟抗坠毁座椅上自行逃生(Taber,2013)。考虑到并非每个乘员都有机会坐在出口附近,学员还要能够在远离敞开出口的座位上完成倒扣水下逃生。

(a)

(b)

图 2.6 用于海上 HUET 课程的 S92 型高逼真模拟机舱内部

CAPP 标准 HUET 课程至少进行五轮训练,包括水面应急离机练习。水面应急离机练习从就座并系好安全带(四点旋转式安全带)状态开始。在教员的指导下,学员必须戴好防护帽,拉好防护服拉链。然后,采取抱紧防撞姿势,下降到水面,准备应急离机。加拿大地区的应急离机练习通常不会在其他地区进行教授,当 UES 停在泳池水面时,要求学员自行决策抛放舱门是否安全。该决策是基于对现场情况的评估(发动机已经停车,如果海况有利——海浪没有冲破窗口且外部没有燃油或着火等明显威胁,即认为安全)。通常情况下,HUET 课程会建议学员当飞机在水面上保持直立且稳定时,等待机组指令再抛放舱门。加拿大地区训练程序是,首先抛放舱门,然后建立参考点并等待,按次序转移到救生船上。应重点关注对事态的自我评估,原因是机组人员可能在水上迫降时丧失行动能力,可能无法使用机内通信,或者由于情况复杂可能忽视指导乘员执行这一重要步骤。如果在应急离机之前或应急离机过程中发生飞机倒扣的情况,乘员应打开应急出口并用手抓住窗框,为离机提供有利条件。然后,学员解开安全带并保持与机舱三点接触,游向并登上救生船。训练到这一步时,学员将学习救生船篷固定、救生设备整理、伤员治疗、救援准备等技术。

CAPP 标准要求至少进行四轮倒扣 HUET。与 OPITO 或 OLF 不同,只要这种训练能够提高训练质量,CAPP 允许训练提供方在课程进度中加入额外的倒扣训练。在第 1 轮训练中,UES 停在水面上,这样使学员可以抛放应急出口并建立参考点。翻转后,学员解开安全带并逃生到水面上。在第 2 轮训练中,要求学员在整个翻转过程中保持抱紧防撞姿势,等待机舱停止运动,然后找到应急出口位置并抛放舱门,建立参考点,解开安全带,逃生到水面上。第 3 轮训练与第 2 轮基本相同,但必须用另一只手完成,可以通过移动到 UES 另一侧或切换座椅前后朝向来进行训练。第 2 轮或第 3 轮训练要求学员从全行程位置的座椅上完成训练。第 4 轮训练要求学员转移到已抛放的应急舱口处,然后逃生到水面上,其目的是教会学员在紧急时如何转移到其他位置进行逃生,因为有时必须跟随其他乘员逃生,或者必须从二级位置出口逃生。

学员学习如何识别和响应机组人员发出的紧急通知,以及如何识别飞行过程中的其他危险迹象(如着火或机械故障)。由于加拿大地区作业人员通常在寒冷(低于 15℃)水域上空进行飞行,因此训练时必须穿着典型直升机运输抗浸服,也称抗浸服(第 9 章)。在这种 HUET 中,要求学员为抗浸服充气,展开防水面罩,戴上手套;在某些情况下,还要模拟激活个人定位信标。从 2009 年开始,CAPP 还要求所有工人在干、湿环境下完成 HUET 和压缩空气型 EBS 使用训练(第 8 章),包括在水下倒扣状态下展开呼吸器、清除咬嘴积水和建立正常呼吸等练习。

2) OLF 标准 HUET

挪威 OLF 要求所有工人参加《基本安全与应急响应课程(GSK)》(挪威石油天然气公司安全与应急响应训练建议指南,翻译版,2013 年第 21 版)。挪威 HUET 课程包括的内容与 CAPP 指南中概述的内容相似。GSK 使用"水肺"而不是压缩空气型 EBS 进行训练;然而,它被纳入到干式和湿式训练中。GSK 学员必须在水中进行水肺训练,以证明其具备水下呼吸的能力,然后还要坐在靠近 HUET 模拟器的紧急出口位置进行六轮 HUET。

3) OPITO 标准 HUET

毫无疑问,OPITO 提供了最受世界认可的海上 HUET 课程,要求学员参加(海上安全基础导论和应急训练)BOSIET 和海上应急进阶训练(FOET)中的 HUET。OPITO(2013)也有单独的 HUET 课程。除了 BOSIET、FOET 和 HUET 课程,是为在冷水环境下飞行的乘员使用气囊式 EBS 而设计的,OPITO 同时还针对温水环境设计了相应课程的热带地区版本(T-BOSIET、T-FOET 和 T-HUET),这些课程版本不需要使用EBS或抗浸服。截至撰写本章时，OPITO正在推广使用压缩空气型EBS，但这类训练仅在干燥环境下提供，且HUET模拟器中并未采用（第8章）。

除热带版本以外，所有OPITO训练使用的都是气囊式EBS，该装置与挪威"水肺"一样，帮助使用者再呼吸空气，以协助撤离或水下逃生。在HUET模拟器中使用EBS之前，所有学员必须证明自己能够熟练使用EBS。

OPITO标准HUET课程均包括水面应急离机练习，即可控着水并登上救生船。这些课程要求学员能够直接从模拟器跳上救生船以及从水中登上救生船。然后，学员在救生船上进行初始行动，包括剪断系船绳、升起船篷、检查船是否损坏；演示和说明第二阶段行动，如设置瞭望哨、激活电子信号装置和采取急救措施等。在所有HUET中，学员还穿着典型抗浸服、救生背心和EBS。在热带版本课程训练过程中，学员穿着救生背心和EBS，但不要求穿着抗浸服。

BOSIET和HUET课程中的HUET进度设置是相同的。前三轮训练是学员坐在舱口附近，模拟器垂直入水，然后直立下沉。第1轮训练不要求学员使用EBS或抛放舱口。第2轮训练要求学员在淹没前使用EBS，但不要求抛放舱口。第3轮训练要求学员在淹没后使用EBS，并抛放舱口。第4、5和6轮都是180°倒扣训练。第4轮不要求学员使用EBS或抛放舱口。第5轮让学员在淹没前使用EBS，而无须在水下抛放舱口。第6轮要求学员在水下使用EBS，并抛放舱口。

FOET课程是BOSIET的进阶训练，只需要进行三轮HUET。第1轮训练时，学员坐在舱口附近，模拟器垂直入水不翻转，要求学员使用EBS进行逃生，但不要求抛放舱口。第2轮训练时，模拟器也是垂直入水不翻转，要求学员使用EBS和在水下抛放舱口进行逃生。第3轮训练时，模拟器入水翻转倒扣，要求学员使用EBS和在水下抛放舱口进行逃生。

由于EBS需要时间来拔出咬嘴和打开开关才能启用，所以使用EBS进行OPITO标准HUET都需要在入水前将模拟器停在水面上。当学员能够使用EBS呼吸后，模拟器开始垂直入水不翻转或入水翻转倒扣，然后进行逃生练习。挪威GSK课程也是如此训练。

热带版本BOSIET、HUET和FOET课程要求学员进行四轮HUET。第1、2轮为直立训练，第3、4轮为倒扣训练。所有练习都要求学员屏住呼吸，只有第2、4轮练习要求学员在水下抛放舱口。

2.1.3.4　HUET课程总结

在加拿大，无论是否完成海上课程（如BST、BST-R和OSI），必须完成的HUET是相同的。学员需要进行至少四轮倒扣HUET，第1轮是在水面抛放舱口后进行的。随后的每轮训练都不会在水面上停留，目的是模拟无预警突然入水。学员必须能够用任何一只手逃离飞机，以及转移到远离自己座位的舱口。

GSK HUET 要求学员在六轮训练中完成五轮水下倒扣模拟器逃生。GSK 与 CAPP 课程的 HUET 的主要区别是在下沉和翻转之前 UES 停留在水面的时间。对于 GSK 课程，只有最后一轮训练模拟了无预警入水且不在水面停留。这样做的原因是让学员有时间准备"水肺"。六轮训练中的五轮要求学员在练习时使用"水肺"。HUET 与 GSK 进阶训练是完全一致的。

与加拿大版 HUET 课程不同的是，所有 OPITO 逃生训练都是在紧邻推出式舱口座位上实施的。学员在水下逃生训练过程中不使用机械式舱口，但在水面应急离机练习中可以使用这种舱口。学员既不需要移动至备用或二级位置舱口，也不要求训练中转换位置（左舷或右舷）。

2.1.4　重要信息

HUET 主要目标之一是确保个体尽可能做好准备，以便在飞机水上迫降时幸存下来。此外，学员要有信心完成逃生任务是非常重要的，无论是训练油气工人还是特种部队都是如此。不管听众是谁，应该给所有学员传达一个关键信息：直升机和固定翼飞机水上迫降的生存概率是非常高的（通常分别约为 76% 和 90%）（CAA，2014；Brooks，2007；Brooks 等，2008；Taber，McCabe，2006，2007；Taber，2010，2013，2014）。这也是训练中的一个重要信息，因为如果学员参加训练课程后认为无法在水上迫降时生存下来，就不太可能认真关注课程所提供的信息或技能。

2.1.5　最优直升机水下逃生训练课程开发

在确定 HUET 课程中应包含的具体信息时，需要慎重考虑，应将实际水上迫降/坠水撞击事故以及人类工效研究的信息包括在内。通过对事故报告进行研究、听取幸存者证词、观看飞机事故视频、阅读与该主题相关的论文，以及持续不断地与科学界接触，寻求水下逃生所涉及的人为因素（应激情境下的表现），将有可能开发一个能够使学员在遇到危及生命的紧急情况下做出恰当反应的课程。

综合这些信息，可以将实际的飞机水上迫降事件分为撞击前、撞击、撞击后和生存/救援四个阶段，它们分别代表每个阶段的特定节点，应进行各阶段的单独研究和逃生全过程的综合研究。例如，认识到每个阶段所需技能稍有不同是非常重要的。

2.1.5.1　撞击前阶段

撞击前阶段是个体意识到正处于危险中的节点。这时可能有（无）高度，因此就有（无）预警时间（Brooks 等，2008；Taber，2014）。无论时间长短，都应促使机上人员做出应急反应（见第 3 章）。学员需要了解危险的迹象（如机舱通告、巨响、烟雾、急速下降)。然而,保持良好的环境感知能力是很重要的,尤其是在飞行的关键阶段。对于飞行员来说,仪表板上的警告灯或警报、异常振动、发动机停车、撞鸟或雷击、发动机或变速器油液损失都意味着危险,需要妥善处理。

根据对机上人员(机组人员、乘员)要求的不同,个人准备工作可能包括固定个人和/或近距离的松散物品,确保抗浸服密封,戴上面罩,扣好或系紧安全带,保持抱紧防撞姿势,并做好后续心理准备。如果飞机在低空飞行时出现紧急情况,那么可用的准备时间将大大缩短(Brooks 等,2008)。在低空飞行时,重点应该放在抱紧防撞姿势上,以增加坠水撞击时的生存概率。

良好的防撞姿势可以减轻碰撞过程中的损伤和昏迷,减少飞溅碎片的击中概率,降低翻滚时突涌水流对体表的冲击,以及减轻飞机倒扣时的定向障碍(Cheung,Hofer,Brooks,Gibbs,2000)。通过防撞姿势和减少损伤,个体才能更好地进行至关重要的后续生存行动(如抛放舱口、救生背心充气、登上救生船、启动信号装置、打结、发信号弹或救助伤员)。

2.1.5.2 撞击阶段

除了可控着水之外,撞击阶段是不能用 HUET 模拟器真实或安全地进行情景重现的(详见第 7 章)。然而,在任何水上迫降事件中冲击力都是极其重要的生存因素。如果冲击力足够大,可能导致机身损坏、舱口堵塞、设备移位、多人受伤,甚至昏迷。冲击力还可能导致航空燃料在水面上泄漏,这将使应急离机或水下逃生时的情况更加复杂化。

2.1.5.3 撞击后阶段

撞击后的直升机可能处于水面直立漂浮、水面倒扣漂浮或倒扣下沉状态。如果直升机停留在水面上,机组人员可能选择水面撤离(干式或湿式应急离机登船,详见 Brooks,Potter,1998)。直升机最佳状态是处于水面直立且应急漂浮装置已展开,该状态生存概率最高(Taber,McCabe,2006,2007)。第二种状态是水面倒扣漂浮(部分或完全旋转 180°)(Coleshaw,Howson,1999),在这种情况下,个体将需要水下逃生,但离水面距离不会太远(Taber,McGarr,2013)。Taber,McCabe(2007)明确指出,除了水面直立漂浮状态以外,如果直升机能保持在水面上,存活率会显著提高。第三种状态是倒扣下沉,在这种情况下出舱后,个体需要在屏气中断或 EBS 空气耗尽之前到达水面(Cheung,D'Eon,Brooks,2001;Taber,McCabe,2009)。

2.1.5.4 生存/救援阶段

生存/救援阶段是从逃生的那一刻开始,直到安全返回(Taber,2014)。一旦离开飞机,个体可能会发现自己是独自一人或与其他幸存者在一起,可能有或没有救生船;可能是白天或夜间,可能风平浪静或狂风巨浪(Knass,2013)。前来救援的可能是船只或飞机,可能是军用或民用交通工具,也可能是任何路过的船只。只要有可能,离开水面是最好的选择,尤其是冷水之下(见第4章)。如果有救生船,可以登船离开水面,或者在安全前提下爬到倒扣机腹上。

如果在救生船上,应当停留在飞机附近,除非直升机残骸或锋利边缘会损坏船只或可能导致翻船。如果海况不佳,船上人员应尽快服用晕船药。应当启用电子信号装置,并准备好烟火信号装置。应当指定瞭望员,搜寻其他幸存者或寻找救援机会,并设置海锚以减少漂流。应讨论并制定行动计划,以确保所有幸存者都知道救援时自己应采取的行动。

通过对水上迫降的四个阶段进行描述,学员将了解整个水上迫降事件(从发生紧急情况到获救)所涉及的信息。该框架可用于开发理论训练,并为实践训练提供一个真实的架构。尽管该框架对所有水上迫降事件都是一样的,但是根据任务和执行任务个体的不同,这项计划的细节也会略有不同。

2.1.6 实用直升机水下逃生训练安全规程

在开展安全训练课程时,准备工作是必不可少的。实践训练首先要保证学员和教学人员的安全。可以开发并提供接近现实的高逼真度飞机水上迫降训练课程(见第7章)。但是,如果不能在始终安全的环境中进行训练,那么使用最终交付的模拟器进行训练是不可靠或不可重复的,也不太可能帮助个体将所学技能应用到真实世界中。

训练机构必须进行风险评估,并根据需要制定适用的风险缓解措施。还应根据自身特定情况选择最适合的风险评估模型,然后将其应用到所有实践训练的开发过程(Glendon,Clarke,McKenna,2006)。如果后来发现新的风险或危险,那么应重新进行风险评估。

当意识到风险及其缓解因素,HUET教学人员应将重点放在训练所需的沟通方法和实施程序。首先要可以使用各种沟通方法和实施程序来确保安全第一。教学人员职责分明对于确保训练安全是至关重要的。通常,HUET教学团队中的三个核心角色是HUET教员、HUET潜水员和起重机操作员。需要注意的是,有些训练机构并未配备潜水员,而是配备额外的教员来保证教学人员与学员达到一定的比例。尽管每个人各负其责,但所有教学人员应当始终秉承对学员和教学人员安全高度负责的精神进行训练。

2.1.6.1 HUET操作流程

通常情况下,HUET首席教员负责掌控训练,并根据需要增加额外的教员。学员依靠教员的经验和指导,安全地完成令人倍感压力的训练(Coleshaw,2006; Robinson, Sünram-Lea, Leach, Owen-Lynch, 2008),并掌握要求的技能和达到相应的训练目标(见第6、8章)。在训练过程中,教员负责下达训练简令和总结讲评,回答有关程序和技术的相关问题,处理逃生模拟器内出现的问题,评估学员表现,并确保训练按计划实施。

当学员第一次进入 UES 时,教员应指导其坐在指定位置进行后续训练,必要时应协助其系好安全带。确保首次参训学员全程得到充分指导是极其重要的。在 UES 里,学员应随时牢记相关的要求。新学员一进入模拟器,往往会有无数的问题。"怎么打开这个窗口"或"怎么解开安全带"或"应该何时使用 EBS",这些都是以前没有进行 HUET 的学员的典型问题。在开始训练之前,教员应解答学员所有的问题和顾虑。但是,在确认学员系好安全带可以安全训练后,教员就不要讲解具体问题了。例如,如果一名新学员正在进行抛放舱口练习,并试着扣好安全带,而此时教员正在讲解抱紧防撞姿势,那么学员大概率会遗漏或遗忘关键的信息。要想从水下倒扣直升机中成功地逃生,学员和教员都必须遵守一套规定的操作流程。

当学员系好安全带并准备训练时,教员应向学员下达任务简令并解释说明,开始模拟登机训练流程。在学员系好安全带后,教员应当对学员进行"从头到脚"目视检查。教员应当检查是否存在障碍物、设备放置是否妥当、抗浸服拉链是否拉好、EBS 调节器路径是否合适、安全带是否用释放机构系好等,并且教员还应当注意座椅紧急释放系统(ERS)的位置。当启动 ERS 时(图 2.7),应在紧急情况下完全解开安全带,因此,在学员惊慌或遇险时,能够迅速做出反应。

教员还应当准备应急预案,当 HUET 运行出现故障时,教员能够帮助学员离开模拟器并上升到水面。当所有这些都确定之后,确认学员正在关注训练程序而没有关注其他问题时,教员可以下达训练简令。

当所有学员准备好时,教员应与模拟器内其他教员确认准备情况,然后向起重机操作员和潜水员发出 HUET 开始指令。训练可能包括水面应急离机(模拟器停在水面上)或水中直立或倒扣 HUET。无论哪种训练,教员应当始终处于学员安全距离之内,以便能够在必要时提供帮助。

1) HUET 非紧急响应

如果训练时模拟器位于水下,教员应当与模拟器保持方向一致。换言之,如果模拟器翻转倒扣,教员也应该与模拟器一起翻转倒扣。通过与模拟器保持方向一致,当学员遇到困难或紧急情况时,教员可以做出更有效的响应。在水下处理学员问题时,教员应当遵循问题管理的 3R 规则(尽早识别、快速反应和正确处理)。不同的情况需要应用不同的规则。例如,如果学员很冷静,但是在舱口抛放机构定位时遇到困难,那么教员应该快速意识到这个问题。在学员尝试失败后,教员应当及时将其手放在合适位置,以便出现问题之前启动抛放机构。然后,教员应当确保学员能够完成这一轮训练,并在总结讲评时强调准确定位舱口抛放机构的技巧。

图 2.7 必要时用于断开整个安全带的紧急释放系统
(注意:绳索末端把手与快速断开装置相连接,该装置用于固定安全带锁扣的末端)

2) HUET 紧急响应

如果在 UES 倒扣之后,学员开始恐慌挣扎,教员应当意识到学员已经失去控制,需要立即为其提供帮助。正确的紧急情况处理程序:①抛放最近的舱口(如果未抛放);②找到 ERS 并解开安全带,同时抓住学员(只有在安全情况下,才通过主释放机构来解开安全带);③快速引导学员离开模拟器;④确保学员安全到达水面。如果无法引导学员离开模拟器,则教员应当通过适当且可识别的手势信号发出紧急情况指令。HUET 潜水员识别紧急手势信号后,向起重机操作员呼叫"提升",启动紧急提升程序。当模拟器稍微离开水面时,教员应当引导学员至气隙处,并确认学员在正常呼吸。当所有学员逃出模拟器后,教员应当确认其他教员是否安全。每轮练习完成后,教员应当确认模拟器处于受控状态,总结讲评训练情况,并为下一轮练习做好准备。

HUET 潜水员在教学团队中起着至关重要的作用。他们充当着起重机操作员的眼睛,在模拟器沉入水中时不断监测模拟器内部情况,然后在教员或学员遇险时启动紧急提升程序。潜水员还可以为教员充当备份的安全员,在每次 HUET 结束时目视检查人员安全(如是否受伤、缠挂或被困在模拟器内)。除了在每次 HUET 完成后将泳池底部的舱口恢复原样并重新安装好,潜水员还负责海上救生训练期间的其他职责,如操纵救生船、直接监督水中学员以及协助训练后勤工作。与所有HUET教学团队成员一样,潜水员的首要职责是确保学员安全。潜水员需要具备良好的判断力,在学员遇到困难或需要紧急提升时,迅速决定介入或协助的时机。

潜水员需要面临许多特殊的操作危险。例如,如果潜水员不在安全区内(由水池的设计和布局决定),可能会被提前抛放的舱口击中。在理想情况下,潜水员可以站在浅水区等待,当需要时才履行职责。但是,有些训练池没有浅水区,因此潜水员在准备下潜之前必须浮在水面。当 UES 翻滚时,如果潜水员过于靠近 UES,也有可能被刮到。最后,还要求潜水员控制和协助水面上惊慌失措的学员。无论水池布局如何,"安全区"应是潜水员可以停留的区域,既不会被坠落的舱口意外击中,也不会被卡在模拟器的下方。

当潜水员潜入水中时,应当朝水面观察,等待模拟器入水。根据练习内容的不同,模拟器可能是直立入水,也可能是倒扣入水。当模拟器停止运动后,潜水员应当迅速游到可以看到模拟器内部的位置。如果潜水员游速太快,那么可能会在模拟器运动时被其击中。如果潜水员游速太慢,那么可能会错过对挣扎或惊慌的学员的救援。潜水员应当确保逃生的学员是安全的,并在水面上以可控方式游动。在确认学员安全之后,潜水员应当确认教员已经安全离开模拟器。当确认所有人员安全后,给出"OK"信号,潜水员就可以继续下潜,收集舱口并重新安装好,为接下来的训练做好准备。

关于 HUET 潜水员的法律和规章要求因地区而异。HUET 潜水员应接受相关训练课程,学习在高度专业化环境中的工作程序和处理方法。训练的先决条件应由当地法规和组织要求决定。

HUET教学团队的最后一类核心成员是起重机操作员。教员和潜水员负责学员在水中与水面的安全。起重机操作员负责完成使用前的日常检查,确保模拟器与起重机之间的连接正常,并在使用前对模拟器和相关系统进行测试。然后,教员引导学员进入模拟器,起重机操作员将模拟器提升到训练所需的高度。在教员的指令下,起重机操作员将模拟器下放到水面或水中。如果 UES 入水淹没,那么起重机操作员需要观察水面。起重机操作员需统计浮出水面的学员和教员的人数,在恢复模拟器之前须等待潜水员给出警报解除信号,然后将模拟器固定好,等待下一次练习。起重机操作员还需观察并等待潜水员给出的紧急提升指令。如果收到紧急提升指令,起重机操作员应立即提升模拟器,使其出水后停留在距离水面大约 0.5m 的位置,以留出足够大的气隙,使模拟器内部的人员能够站起来呼吸。为了确保学员在解开安全带时不会头朝下倒地,不会自动提升 UES 完全露出水面。如果在紧急提升之后,需要更大的气隙,教员或潜水员会向起重机操作员发出相应的指令。

3)表现评估

学员的表现评估与训练过程同样重要。训练提供方的目标是尽其所能确保学员做好充分准备来应对直升机水上迫降,并且在海上生存获救。正如没有统一的

HUET系统用于课程训练一样,目前也没有明确的HUET表现评估流程。此外,针对该问题所进行的研究极少,无法证明成功完成HUET课程对提高水上迫降生存概率有明显效果(Cunningham, 1978; Ryack, Luria, Smith, 1986)。然而,可以得出以下结论:完成HUET课程能够提高对水下逃生技能的信心,增加水中适应能力,并增强在直升机水中事故中幸存的信念(Taber, McGarr, 2013)。

在HUET课程中,评估训练成功与否的常用方法是让学员自主通过规定的逃生技能考核。虽然这肯定比有教员帮助要有效得多,但这并不是真正的表现评估。训练后立即进行逃生技能考核,很难确定学员是否在短期内可以保持这些技能。建议首次技能训练和训练考核之间至少间隔24h(Savion-Lemieux, Penhune, 2005; Taber, McGarr, 2013)。这段时间称为巩固期。对于一天的HUET课程,24h巩固期增加了后勤保障的难度;但对于持续多天的课程,如OPITO BOSIET或CAPP BST,可以在训练后期对表现和技能进行评估。

4) 有效HUET课程的特点

有效HUET课程设计和组织的目标:训练学员遇到危险时,要利用一切可用的时间做好水上迫降准备,重点强调撞击阶段的生存,并尽量减少损伤。该课程还应训练学员在有(无)救生船时的海上生存技能。最后,应当使学员了解救援的类型和时机,以及确保救援成功的基本行动和注意事项。

鼓励学员尽可能使用与其通常使用的载具相同的设备进行训练,且UES应尽可能精确模拟实际设备(Kozey, McCabe, Jenkins, 2007;见第7章)。模拟器的重点应当放在座椅高度和距离、座位或设备配置、安全带、舱口尺寸和功能上。模拟器还应当包含明显且易于识别的物理参考点,如副油箱、把手、头顶控制台、担架或机载武器。训练应当模拟适用于特定群体的实际水上迫降场景,如海上直升机从石油钻井平台起飞时失去动力,或搜救飞机在恶劣天气下耗尽燃料。训练与学员的关联性越高,就越有可能使其记住信息和掌握技能。训练提供方应当努力创造具有挑战性但可达成的训练课目,以提高学员对其生存能力的信心。同时还必须确保训练过程的可重复性和安全性。表现评估应当慎重且尽可能不在训练当天进行。整个课程应当进行内部检视,努力保持时效性和趣味性。最重要的是,学员必须看到习得知识和参加训练的价值。因为做一名幸存者比当一个统计值会更好。

参考文献

[1] Brooks, C. J. (2007). The human factors of surviving a helicopter ditching. In *Research and Technology Organization, North Atlantic Treaty Organization, Survival at sea for mariners, aviators, and search and rescue personnel. RTO AGARDograph, AG-HFM*-152.

[2] Brooks, C. J., MacDonald, C. V., Donati, L., & Taber, M. J. (2008). Civilian helicopter accidents into water - analysis of 46 cases, 1979 - 2006. *Aviation, Space, and Environmental*

Medicine, 79(10), 935-940.
[3] Brooks, C. J., & Potter, P. L. (1998). The abysmal performance of the infiatable liferaft in helicopter ditchings. In *RTO HFM symposium proceedings*. RTO MP-19.
[4] Canadian Association of Petroleum Producers. (2013). *The Atlantic Canada offshore petroleum industry: Standard practice for the training and qualifications of personnel* (Standard Practice) 2013-0007 (Replaces Publication 2010-0028). Retrieved from http://capp.ca/publications-and-statistics/publications/223065.
[5] Cheung, S., D'Eon, N., & Brooks, C. J. (2001). Breath holding ability of offshore workers inadequate to ensureescape from ditched helicopters. *Aviation, Space, and Environmental Medicine*, 72(10), 912-918.
[6] Cheung, B., Hofer, K., Brooks, C. J., & Gibbs, P. (2000). Underwater disorientation as induced by two helicopter ditching devices. *Aviation, Space, and Environmental Medicine*, 71(9), 879-888.
[7] Civil Aviation Authority. (2013). *CAP1034-Development of atechnical standard for emergency breathing systems*. Norwich, UK: TSO (The Stationary Office) on behalf of the UK Civil Aviation Authority.
[8] Civil Aviation Authority. (2014). *CAP1145-Safety review of offshore public transport helicopter operations in support of the exploitation of oiland gas*. West Sussex, UK: Safety and Airspace Regulation Group.
[9] Coleshaw, S. R. K. (2006). *Stressle velsas socia ted with HUET: The implications of higher fidelity training using exits*. Report SC 155; prepared on behalf of OPITO, Aberdeen. Retrieved from http://www.opito.com/library/documentlibrary/huet_stress_report.pdf.
[10] Coleshaw, S. R. K., & Howson, D. (1999). Escape from side-fioating helicopters. In *Paper presented at the second international helicopter escape seminar/workshop*. Billingham, UK. Cunningham, W. F. (1978). Helicopter underwater escape trainees (9D5). *AGARD Conference Proceedings*.
[11] Glendon, A. I., Clarke, S. G., &McKenna, E. F. (2006). *Human safety and risk management* (2nded.). Boca Raton, Fl: Taylor and Francis Group.
[12] Knass, K. (2013). *How Isurvived North sea helicopter crash that killed four-Hull man Paul sharp*. Retrieved from http://www.hulldailymail.co.uk/Holderness-Road-man-escaped-death-helicopter/story-20093886-detail/story.html#ixzz2qaRpl0Qo.
[13] Kozey, J., McCabe, J., & Jenkins, J. (2007). The effects of different training methods on egress performance from the Modular Egress Training Simulator. In *Safe conference proceedings*.
[14] Leach, J. (2004). Why people freeze in an emergency: temporal and cognitive constraints on survival responses. *Aviation, Space, and Environmental Medicine*, 75(6), 539-542.
[15] Mills, A. M., & Muir, H. (1999). *Development of a standard for underwater survival*. Technical Paper for ShellGroup.
[16] Norwegian Oil & Gas. (2013). *Recommended guidelines for safety and emergency preparedness training*. Translated version, version 21.
[17] Oil & Gas UK. (2014). *UK Continental shelf offshore workforce demographic sreport* 2014. The United Kingdom offshore oil and Gas Industry association trading as oil & Gas UK. Document available at http://www.oilandgasuk.co.uk/knowledgecentre/Offshore_workforce_demographics.cfm.

[18] OPITO. (2013). *Basic offshore safety induction & emergency training, helicopter underwater escape training and further offshore emergency training. Approved Standard.* Revision 5 Amendment 4 date: 29/01/2013. Retrieved from http://www.opito.com/media/downloads/bosiet-huet-foet.pdf.

[19] Robinson, S. J., Sünram-Lea, S. I., Leach, J., & Owen-Lynch, P. J. (2008). The effects of exposure to an acute naturalistic stressor on working memory, state anxiety and salivary cortisol concentrations. *Stress*, 11(2), 115–124.

[20] Ryack, B. L., Luria, S. M., & Smith, P. F. (1986). Surviving helicopter crashes at sea: a review of studies of underwate regress from helicopters. *Aviation, Space, and Environ-mental Medicine*, 57(6), 603–609.

[21] Savion-Lemieux, T., &Penhune, V. B. (2005). The effects of practice and delay on motor skill learning. *Experimental Brain Research*, 161, 423–431.

[22] Summers, F. (1996). *Procedural skill decay and optimal retraining periods for helicopter underwater escape training.* Willetton, Western Australia: IFAP.

[23] Taber, M. J. (2010). Offshore helicopter safety inquiry report. Commissioner. InR. W. Wells (Ed.). *Canada-Newfoundland and Labrador offshore helicopter safetyinquiry* (Vol II). p. 211–290.

[24] Taber, M. J. (2013). Crash attenuating seats: Effects on helicopter underwater escape performance. *Safety Science*, 57, 179–186.

[25] Taber, M. J. (2014). Simulation fidelity and contextual interference in helicopter under-water egress training: an analysis of training and retention of egresss kills. *Safety Science*, 62, 271–278.

[26] Taber, M. J., & McCabe, J. (2006). Helicopter ditching: time of crash and survivability. *SAFE Journal*, 34(1), 5–10.

[27] Taber, M. J., & Mc Cabe, J. (2007). An examination of survival rates based on externalfiotation devices: a helicopter ditching review from 1971 to 2005. *SAFE Journal*, 35(1), 1–6.

[28] Taber, M. J., & Mc Cabe, J. (2009). The effect of emergency breathing systems during helicopter underwater escape training for land force troops. *Safety Science*, 47(8), 1129–1138.

[29] Taber, M. J., & McGarr, G. W. (2013). Confidence in future helicopter underwater egress performance: an examination of training standards. *Safety Science*, 60, 169–175.

[30] Taber, M. J., & Bohemier, A. (2014). Aeromedical aspects of maritime helicopter operations: CH124 Importance in human factors survival training -surviving the unthink-able. In *Sic Itur Ad Astra series on Canadian Air Power History*(Vol. 5).

[31] Wells, R. (2010). *Canada-Newfoundland and Labrador offshore helicopter safety inquiry*(Vol. I). St. John's, NL: Canada-Newfoundland and Labrador Offshore Petroleum Board.

第3章
水下逃逸救生的心理因素

John Leach
(英国朴茨茅斯市　朴茨茅斯大学)

3.1　引言

在许多飞机事故调查中,对"机械故障"和"人为差错"做了直观的区分。"故障"是一个相对中性的词,"差错"也意味着故障,在人类语言中有责备的含义。机械故障可以非常具体地进行描述(如悬停时发动机故障、机油泵故障、尾桨控制故障、燃油不足等)。这一层级的描述和分析也应适用于认知系统障碍(如工作记忆加工障碍、执行性注意功能障碍、语义记忆中信息回忆障碍、程序记忆中应急响应回忆障碍等)。乍一看似乎很难理解,但如果能够理解在快速发展的紧急事件(直升机水上迫降)中认知系统会出现"机械"故障,预先备有应急措施就可以提高生存概率。

人们通过认知系统对其行为进行规划、启动、监控和调节。传感器(耳朵、眼睛等)从周围环境中收集信息,然后通过神经脉冲传输到大脑,在那里建立周围世界的模型。认知系统继续对传入的信息进行监控,并将其与动态模型进行比较,从而相应地支配其行为。需要注意的是,人们是对创建的周围环境模型做出响应,而不是直接响应环境本身。假设头脑中的模型是对真实世界的直接反映,在很大程度上这种认知模型是足够准确和可靠的,但有时外部世界突然变化,以至于认知模型滞后于新的现实世界,创造新环境的代表性模型需要时间,而正是该时间段内的行为决定了我们能否生存下来。正是继续以旧模型为基础做出自认为有效的响应,才导致"人为差错"。

作为人类,我们的生活是循规蹈矩的。这是必要的,因为人类大脑是一个有限容量的处理器,日常活动不需要密集的高阶认知加工,从而释放出不够充足的认知资源来规划我们的短期、中期和长期目标,同时也监控周边的环境和执行当前的任务。依靠日常行为模式来支持我们的日常生存已经被证明是一个强大而有弹性的系统。认知系统预测的是不久的未来,收到的信息与预测的未来相对应,预期发生的事情和实际发生的事情之间的任何偏差通常都会被毫不费力地修正;需要的东西无法得到,所以用别的东西代替;前面的路堵塞,所以改走另一条路回家;安排好见面的人生病了,所以重新安排了见面时间。类似这些例子会使人不方便,但不会危及生命。

紧急情况出现时,生命受到威胁,固有的日常和预测的世界突然变成一个充满了未知和危险的外在环境。这种转变通常比认知系统更新信息、计算变化和建立新行为计划的速度要快。作为相关的例子,可以考虑飞机或直升机在水上迫降、船只在海上沉没或公共汽车正掉进湖泊或河流。因为已经采用不同精度提前绘制了初始的飞行计划、船舶航线或汽车路线,飞行员、船长或司机正在按照既定的路线行驶。当紧急情况发生时,原本的行驶计划已经没有用了,必须创建新的响应模式。当威胁的发展速度超过认知系统产生合理新响应的速度时,就出现了问题。

3.2 作为信息处理系统的大脑

认知系统可以比作一个容量有限的必须实时运行的信号处理器。该系统中与幸存者行为相关的三个主要组成部分是工作记忆、执行性注意和监管系统。

3.2.1 工作记忆

工作记忆对信息进行暂时性存储和处理。举一个简单的例子,不用笔或纸进行乘法心算(如 7×19)。工作记忆将环境中获取的信息与长期记忆中存储的信息进行组合和处理。工作记忆包括语言工作记忆和视觉工作记忆两个几乎独立运行的基本分支(Baddeley,2011)。

与任何其他信息处理设备一样,工作记忆的存储容量和处理能力都是有限的,因此一次只能存储和处理有限的信息,并且处理速度受到神经脉冲传播速度的限制(Newell,1994)。例如,心算 7×9 很容易,简单扩展一下,7×90 也不太难,而 72×937 对大多数人来说是很难的。

3.2.2 执行性注意

执行性注意是选择性注意和持续性注意的结合,它能够调节工作记忆的容量,并使运转信息保持在一个活跃且快速检索的状态(Engle,2002)。重要的是,执行性注意还可以抑制分散注意力的冗余信息,解决不兼容信息源之间的冲突,并将认知资源集中到重要的任务上。执行性注意是监管系统和工作记忆之间的功能连接,可以看作实现目标导向行为的导航系统。

3.2.3 监管系统

监管系统使目标得以制定并支持执行功能,这一点可以简单地描述为"……在面对备选方案时,能够计划并协调主观行动,在必要时对行动进行监控和更新,并通过集中注意力在手头的任务上来抑制分散注意力的能力"(Jones,Harrison,2001)。这一点很重要,因为生存需要目标导向行为。

监管系统的优势在于,它使人们能够在需要之前建立目标导向的生存行为,并将其存储于记忆系统的某一区域,在必要时可以激活这些行为,更重要的是在监管系统失效时也可激活(例如,作为个体的组成部分,刚刚掉进寒冷、潮湿、危险的海里)。

本质上,监管系统计划并启动行为目标;执行性注意选择并着重于支持这些目标所需要的信息,防止分散注意力的信息干扰;工作记忆对选定的在线信息进行处理,以设计实现这些目标所需采取的行动。

与所有其他信息处理设备一样,认知系统将受到有限可用资源的制约。作为一个容量有限的系统,大脑只能以最快的速度对信息进行处理,即使处于危及生命的紧急情况下也并不能改变这一事实。简单的认知运作,例如在一组预先设定的反应之间进行选择,可以在 1~2s 内完成,而在简单的两个选择中进行决策可以在 0.5s 内完成;但是,对于监管系统来说,创建新的响应或启动一个计划外行为需要 8~10s(Newell,1994),而达到这些时间的前提是要处于最佳的信息处理环境。在紧急情况下不可能提前思考,因为事件的发展速度超过了认知系统的处理速度,但是通常可以启动预先习得行为。

学习的作用是通过将一系列初始复杂操作转换成简单、正确、有序的行为模式,然后存储在相关的记忆系统中,并可由适当的刺激因素触发,从而减少来自有限容量系统的约束。这个过程是所有习得行为的基础,从乐器演奏到直升机水下逃生。一旦响应被习得,大脑就不再需要深思熟虑或以更高阶的认知来编写正确的图示,而只需要在一组预先习得的响应行为中进行选择。其中存在一个缺陷,这种图示只能以习得的方式调用和执行。重构这些行为活动需要将简单的认知操作分解成复杂的组成部分,并随之增加工作记忆容量的负荷。

3.3 紧急事故的一般过程

从心理学的角度来看,紧急事故包括事故前、事故发生、恢复、救援和创伤后五个序列阶段(Leach,1994),本章主要讨论前三个阶段。

3.3.1 事故前阶段

事故前阶段,个体应掌握在紧急事故中能做出相应生存反应的知识、训练和相关经验,如游泳能力、HUET、救生船操练、海上生存实践、沿海生存技能训练等。在紧急情况下,这些知识、训练和技能组合构成了正确行为反应的基础。

必须考虑水下逃生训练,因为它是生存过程的一部分。事故前阶段的行为决定了事故发生阶段水下逃生响应是否成功。在心理学上,这两个阶段是相互关联的。首先,个体必须参加水下逃生训练课程(详见第 2 章)。这就需要认识到所乘坐的飞机可能坠海而无法到达预定目的地。虽然否认可能坠海可以减少焦虑,但也会降低生存概率。许多人都会刻意避免参加 HUET,因为训练令人不快、劳累和焦虑,与个人的主要工作无关,且需要花费时间和资金,特别对于可能需要自己支付训练费用的海上民事工作人员更是如此。

在事故发生前,可能有一些不正确行为,例如:未参加飞行前安全简令;未检查救生衣、安全设备和逃生路线;未正确穿着抗浸服且注意力转移到书本或报纸上。如何让个体无法否认应提前做好水上迫降准备,这时候只需要问自己"我的第一反应是什么",这是一个简单但有效的问题,它能够使监管系统启动,以组织相关的认知成分来提供答案,同时也建立了应急准备的心理状态。当大脑以联想方式工作时,"我的第二反应是什么"的答案通常会在不需要提问题的情况下出现。既然已经承认可能会发生紧急事故,触发正确反应的阈值降低了,大脑将访问并启动相关的 HUET 或其他的训练记忆。当然,如果没有相关的训练记忆可以访问,那么大脑将继续以默认模式运行行为程序,或者什么也不做。

3.3.2 事故发生阶段

事故发生阶段是指威胁来袭的时候。其特点是突然性、猛烈性、无法控制且经常伴随着压倒性的感官刺激。曾有报告描述了一架直升机失去控制,紧急迫降坠入水中,绕轴线旋转,随后机身左右翻转,旋翼桨叶断裂或弯曲(Brooks,1989)。

事故发生阶段通常持续几秒,但是其后续影响可能持续几分钟,并且对人体会进行多次攻击;直升机撞击水面,涌入水流的冲击就像消防水管击打胸部一样(Brooks,1989),机身倒扣,随之而来的是剧烈振动、迷失方向以及进一步的生理和心理冲击。对于直升机乘员来说,这个时间通常较短,因为他们意识到事故发生的时刻通常要比机组人员晚。

3.3.3 恢复阶段

一旦事故的危险消退,幸存者开始逐渐恢复意识和认知功能,就开始了恢复阶段,尽管不一定完全知道直升机已经迫降,也并不总是知道直升机迫降的原因。在恢复正常的认知功能和行为之前,恢复阶段可能持续三天时间(Leach,2012)。这种延迟会使遇险者面临二次威胁,如突发意外浸入冷水中出现体温过低的风险(详见第4、9章)。因此,仅仅从水下直升机中逃脱并不能保证能够幸存下来。

3.4 紧急事故中的认知功能障碍

认知系统的三个主要组成部分(工作记忆、执行性注意和监管系统)在受到威胁或环境胁迫时都容易出现功能障碍。由于水中屏气时间短,而且冷水中屏气时间更短(Haywood,Hay,Matthews,Overwheel,Radford,1984),致使飞机水下逃生更加复杂。通过额外的氧气来源,例如压缩氧气瓶或救生衣浮筒,可以延长水下生存时间,从而使呼出的空气再呼吸利用。同样,这种操作需要预先习得。

跳伞也是类似的威胁情况,具有严格的生存时间限制。当主伞发生故障时,跳伞者需要短时间内拉动应急手柄,展开备份伞。这种情况并不经常发生。2004年,一名有118次跳伞记录的跳伞者发生了跳伞死亡事故,尽管主伞出现了故障,但调查发现他没有尝试拉动备用伞手柄,而且机械装置完好无损。2005年,一名有2300多次跳伞记录的跳伞者因未能打开备份伞而死亡;抛伞手柄仍在原位,系统工作正常但没有被启动。这只是其中的两个例子,还有其他更多的例子:对1993—1999年的241例跳伞运动死亡事故进行研究发现,26例(11%)事故的原因是未能拉动备份伞手柄(Griffith,Hart,2002)。另外,因为这两种紧急事故中生存能力都受到严格的时间限制,将11%这个数据与未能在水下打开逃生舱口的百分比进行比较,就会发现很有意思的现象。如果这两个数据具有可比性,那么这就意味着认知功能的普遍失效。

Brooks,Bohemier,Snelling(1994)在进行一项HUET研究中也做了类似的观察,报告指出,两名飞行员在水下时忘记使用所学技术来确定逃生舱口操纵杆的位置,教员不得不帮助飞行员将手放在操纵杆上。之后,飞行员报告,无论是确定操纵杆的位置还是操作操纵杆都不存在困难。其他人员也报告在水下不存在困难,但是需要教员的干预和帮助。那么如果真的是一场事故,他们是无法幸免于难的。这表明,在水下时个体很难回忆起基本信息以及处理新的信息。这些案例表明,HUET应当在模拟真实水上迫降条件和保持低水平压力或焦虑之间取得平衡。受训人员的焦虑水平越高,所学到的东西就越少(详见第6章)。同样,跳伞者经常无法回忆起第一次跳伞时发生的事情(Breivik,Roth,Jorgensen,1998),而且与地面学习相比,在"空中"情境下的学习能力更差(Thompson,Williams,L'Esperance,Cornelius,2001),这表明,在极端情绪化的环境下,人的处理能力就会更差。

为了调查受到威胁状态下的认知障碍,在离机前、着陆时和非跳伞对照日三种情况下比较了新手和经验丰富的跳伞者的信息储存和处理能力(Leach,Griffith,2008)。分析表明,在离机前(最大危险感知状态),跳伞老手和跳伞新手在信息储存和处理能力方面都有明显且严重的障碍,而在着陆时,跳伞老手表现出恢复到正常存储水平,与新手不同,新手继续受到存储容量的延迟限制;两组在着陆后(非跳伞对照日)都立即恢复了正常的信息处理能力。研究还表明,跳伞者很难从长期记忆中回忆起信息。另一项单独的研究调查了正在接受HUET的人群的工作记忆能力,并再次发现,与训练前以及训练后一段时间的状态相比,在测试时发现了工作记忆功能受损的情况(Robinson,Sunram-Lea,Leach,Owen-Lynch,2008)。

此外,也发现执行性注意容易受到环境胁迫的影响。在一次模拟"飞机坠落"紧急情况下军事机组人员生存演习中,对选择性注意、持续性注意、注意转换和听觉—语言工作记忆进行了为期5天的研究。在基准组和对照组之间进行对比,遭受环境胁迫的个体在执行性注意方面表现出明显的障碍。注意转换和听觉—语言工作记忆均不存在障碍。执行性注意障碍使得与生存环境的灵活互动变得困难,个体行为变得被环境因素所支配,而丧失了有意的目标指向生存行为。正常功能无法立即恢复,在某些情况下功能恢复到正常水平需要两到三天的时间(Leach,Ansell,2008)。这对恢复期存在一定影响,当受害者从淹没的飞机中逃脱后,必须在救生船上或被冲上岸后在陆地上生存。

在另一次涉及军事机组人员的强化生存演习中对监管系统功能进行了研究(Porter,Leach,2010)。监管系统功能不是一个单一的过程,而是一个完整且可分离的系统,其中至少包括了5个执行子程序:协调同步活动的能力;心理过程转换的能力;优势反应的抑制能力;长期记忆的编码(学习)、访问、检索和处理信息能力;提前计划的能力(Baddeley,Della Sala,1996;Carpenter,Just,Reichle,2000)。在5天生存训练中,单独测量每一个过程,结果表明,在进行野外生存过程中参与人员在心理抑制、设置转换和计划能力方面存在明显的障碍。虽然信息回忆策略发生了变化,但在5天内从长期记忆中的两项任务表现或总体回忆中没有发现明显的障碍。

3.5 幸存者行为:幸存者执行障碍综合征

有些行为可能是不良行为,但并非偶然。由于认知系统的不同组成部分无法应对从日常环境到威胁环境的突然变化,对传入的环境信息进行处理会产生一种具有内部逻辑但外部表现为不良行为(Leach,2012)。生存事件中常见的特殊行为类型包括丧失主动性、刻板行为、思维行动重复症、运动机能亢进、运动功能减退,以及在极端情况下出现的运动不能或认知麻痹。这些行为共同称为幸存者执行障碍综合征(Leach,2012)。

3.5.1 丧失主动性

面对威胁时的常见初始反应是无法清晰地思考或计划。1994年,"爱沙尼亚"号渡轮在芬兰附近海域沉没,造成852人丧生。一名幸存者回忆道:"我没想到,剧烈的振动让我们迷失方向,以至于无法清晰地思考(Leach,2004)。"1988年,派珀·阿尔法石油平台的爆炸和坍塌事件导致167人死亡。官方调查发现,如果采取主动逃生,死亡人数就会大大增加(Cullen,1990)。此外,"在石油平台上不鼓励个体采取行动,但在这次事件中,那些自行采取行动的人活了下来。其他人却没有活下来(Cook,1989)。"

一架轻型飞机在发动机发生故障后紧急迫降,入水后翻转呈倒扣状态,飞行员这样描述了自己的经历:"我的第一反应是试图敲碎窗户,但水的阻力使我无法使出足够的力量。恐慌开始袭来,当我尝试抗拒几乎是压倒性的自然呼吸冲动时,胸口感到剧烈的疼痛。在意识到这可能是我生命终点之后,终于想到了开门。打开门后,发现自己站在5ft深的水中。突然发现自己在水下飞机中处于倒立状态,使我很恐慌,头脑变得麻木,逻辑行动延迟,几乎到了为时已晚的地步(Schiff,2001)。"

3.5.2 刻板行为

刻板行为的优点是成为自发且常规的行为。同时也存在一个缺点,就是不经思考就开始的行为。例如,飞机疏散证词报告中说道:乘客并不会立即离开飞机,而是会停下来从头顶行李架中取回随身行李,即使安全指导中已经建议不要这么做(TSBC,2008)。例如,在一架波音737飞机发动机起火时,飞机停在跑道上,并进行疏散。机组人员说道:"尽管已经要求旅客把所有东西都留下,但许多乘员坚持要取回随身携带的行李。当客舱服务员在出口处制止时,一些乘员试图回到座位上,把行李放回头顶行李架中(AAIB,1990)。"

这是下飞机前经常做的事情。事实上,这是一个对生命构成内在威胁的紧急情况,但是这些乘客对新环境的认知模式尚未更新。

刻板行为可以是一种内在反应(本能),也可以通过训练习得(第二天性)。有针对性的指向训练可以利用刻板行为学习对突然发生的威胁做出适当的响应,例如,HUET可以启动条件反射行为(刻板行为),帮助个体在直升机紧急迫降事故中生存。很明显,通过 HUET 建立适应性反应是有效的。在美国直升机水上迫降研究中(1963—1975),接受过直升机水下逃生训练人群的存活率为 91.5%,而没有参加训练人群的存活率为 66%(Cunningham,1978)。该训练的重要内容是学会抑制更多的优势行为,如在机舱内不要给救生衣充气,或当旋翼在转动时不要离机,或不要用汽车安全带解开方式来解开安全带,这种情况在 HUET 期间多次出现(另见第 6、7 章)。

3.5.3 重复行为

重复行为是指日常行为的持续重复,而不管这种行为是否适合已经变化的环境。1985 年,在曼彻斯特机场发生的一起火灾中,观察到了一名女性乘员的重复行为。为了帮助疏散,她被告知须打开座位旁边的机翼上方紧急舱口,而打开舱口时需要向上抬起控制杆,这位女士却在反复拉座椅扶手(AAIB,1988)。还有类似的情况,Brooks 等(1994)在调查 HUET 水下逃生程序的研究报告中指出,即使窗户已经被抛放掉,但仍有几个人在继续猛推舱口逃生操纵杆。

重复行为有持续性和反复性两种形式。在持续性重复行为中个体会立即产生重复的动作,而在反复性重复行为中个体会打破动作顺序,但在一段时间后又会重新开始。重复行为在生存事故发生后确实会发生,尽管迄今为止的观察表明它是持续性重复行为;也就是说,一旦受害者打破了重复行为,似乎就不会回到这种状态。在直升机逃生舱门抛放的人体工程学研究中,也可以识别出持续性重复行为(Brooks 等,1994)。在研究中观察到,如果受试者在 HUET 模拟器中无法找到舱口抛放操纵杆,就会"漫无目的地围着舱口上半部分"进行搜寻,从而出现受试者似乎无法抑制的重复行为;"然而,一旦水下观察员将受试者的手放在把手上,操作抛放操纵杆对于受试者来讲就没有多大困难。"这说明重复行为是持续性的。一旦这种无目的搜寻的不适应行为被外部因素抑制,个体就不会恢复到无目的搜寻状态。

3.5.4 行为障碍

在幸存者中观察到三种常见的异常行为是活动减退、机能亢进和认知麻痹。前两种情况仅在恢复阶段才可以观察到;但应当考虑到潜在的行为,因为可能与初始撞击后的生存能力有关,例如,从水上迫降的直升机中逃生后必须上救生船生存。

3.5.4.1 活动减退

活动减退是指认知和运动功能的下降。幸存者会很消极,且可能会表现出抑郁、情绪低落、漠不关心,并且在心理上逃避所处环境。在一份邮轮沉没事故的遇险者报告中对这种行为有着很好的诠释,在事故发生时两名精神科医生在救援船上观察到幸存者最初的行为就好像被注射了镇静剂,"……幸存者在很大程度上表现为一个无组织的群体,倾向于被动和顺从;表现出精神运动性迟滞、情感冷漠和嗜睡,在某些情况下失忆个人身份信息;表现出漠不关心,且易受他人影响(Friedman,Linn,1957)。"在另一起事故中,当货船倾覆沉没后不久,一名负责救生艇的高级船员记录了事故过程:"……许多船员似乎都陷入了昏迷状态,不管做什么事,都或多或少是在无意识状态下自动完成的(Foster,1934)。"

显然,在需要目标导向行为的生存环境中,冷漠是不适应行为的表现,有趣的是,这似乎与抑郁症无关(Levy,DuBois,2006)。换言之,在一些幸存者身上观察到的冷漠行为与临床抑郁症无关。这一观点得到了作者的研究验证,调查了一组经历严酷冬季生存训练的人员的抑郁行为,观察到一些个体明显表现出了冷漠、退缩和抑郁型反应。尽管观察到了明显的抑郁反应,但是在三天的时间里,通过采用对语速、词频和 Beck 抑郁量表的测量,却并没有发现临床抑郁症的证据。

3.5.4.2　机能亢进

这种情况表现出一种强烈但无指向性的活跃或躁动。遇险者容易分心,经常从一个任务转移到另一个任务。例如,在仲冬时节的圣劳伦斯湾,一艘拖船正在迅速沉没,两名经验丰富的水手长在驾驶台两侧来回踱步,当水涨到膝盖以上时,他们仍很淡漠。然后两名水手长淹死了,而旁边站着一位年纪轻且经验少的甲板水手很快穿上了救生衣,并活了下来(Brooks,2008)。在第二次世界大战期间,北大西洋航运船只遭到袭击后,大约 300 名男子在漂流了 52h 之后从敞篷船上获救。海军外科医生如此描述幸存者的行为:"每个人情绪都很好,但有几个病例出现了轻度歇斯底里,表现为短暂兴奋和喋喋不休(Critchley,1943)。"

3.5.4.3　认知麻痹

在各种行为障碍中,认知麻痹导致面对危险时的"冻结"行为或紧张症是最严重的,因为在事故发生阶段会阻碍个体实施生存响应行动(Leach,2005)。常用"吓呆""石化"和"僵住"等来描述这种行为。遇难者甚至连简单的指令都没有反应。例如,在"爱沙尼亚"号沉没事件的官方调查报告中指出:许多人是"……消极的和僵硬的,尽管逃脱的可能性很高(JAIC,1997)。"一名"爱沙尼亚"号沉没事故的幸存者是这样描述同船乘客的:"人们只是完全惊呆地坐在那里,我不明白为什么不做点事来帮助自己。他们只是坐在那里,当水涌入时就被淹没了。"在另一起事故中,当飞机试图疏散时,坐在紧急出口旁边的乘客并没有尝试着打开舱门。据报告中指出,即使在客舱乘务员要求其打开舱门时,她"……也没有回应(TSBC,1986)。"以下描述了另一起飞机疏散事件:"我让一名乘客打开舱门,他不肯,只是站在那里……我告诉另一名乘客'打开舱门'……他把舱门打开后,将其放在门口,懒得从舱门爬出去……他就站在那里,舱门开着,风吹进来,雪也吹进来,我对自己说,这是最后一根稻草,如果没人想要行动,那么我就行动(TSBC,1986)。"

在一场导致55人丧生的飞机失火事故中,据报道,乘客坐在座位上一动不动,直到被烟雾和有毒气体吞没(AAIB,1988)。有趣的是,这起事故引发的一项实证研究发现一些志愿者在客机模拟器中表现为"行为不活跃"(Muir, Marrison, Evans, 1989)。这种在充满烟雾的飞机中存在的"冻结"行为同样适用于被水淹没的情形。

这种"冻结"行为表现为身体无法移动或大脑无法从一种情境设置(日常环境)切换到另一种情境设置(威胁环境),或者无法形成新的规则和行为来应对和适应变化的环境。然而,这种本能的"冻结"行为在某些情况下是可以适应的,因为它对应于身体的不活动状态,并伴随过度警觉状态或试图探测环境中运动的戒备警觉状态(Bracha,2004)。因此,当面临危险时,身体不会准备"战斗或逃跑"两种反应(Cannon,1929),而是准备"冻结、逃跑或战斗"三种反应(Leach,2004)。适应性的"冻结"行为使遇难者在沉没的直升机座位上无法动弹,就像面对即将行凶的游荡捕食者,被吓得一动不动。

威胁会减少认知资源的可用性,并限制注意能力,从而阻碍人们以目标指向方式与环境进行灵活的互动。这就很难保持任务相关信息处于活跃状态,也很难抑制多余的环境刺激进入工作记忆。当工作记忆不能积极维持这些目标状态时,行为就会变得无序、重复或不适应。这种工作记忆限制意味着可以保存的信息量减少,处理速度也变慢。面对威胁的刺激意味着个体无法像正常那样快速思考:最好的情况是思维迟钝,而最坏的情况是思维完全停止。

众所周知,执行性注意障碍是在被胁迫的状态下发生的(Leach, Ansell, 2008),其特点是对环境刺激反应过度,在面对大量新的环境信息时难以集中和保持注意力。这种障碍使得个体很难选择一个焦点目标(如安全带释放扣、飞机舱门把手等)并保持对目标的注意力而不会分心,注意力会被其他无关的外部刺激捕获。这会导致思维和行动的刻板行为和重复行为。换句话说,在紧急情况下,人们会继续做他们一直在做的事情,直到意识到现在出现紧急情况。不停地转换目标会导致机能亢进。

行为反应是环境刺激触发的。如果大脑已经产生并存储了适当的反应,并且在紧急情况下可以回忆起来,存活的机会就会增加(正如个体接受过HUET后,会增加在直升机紧急迫降时的生存概率)。如果存在与即将到来的环境刺激相匹配的反应行为,这种反应就可以被触发并表现出来,即使这种行为并不一定适用于或支持个体生存(正如失事客机的受害者在下飞机前从头顶行李箱上取行李,或者在船下沉时缠着乘务长要钱,就像在"爱沙尼亚"号上发生的那样)。

除了执行性注意障碍以外,在胁迫状态下监管系统也会被扰乱(Porter, Leach,2010)。这似乎是自相矛盾的,因为监管系统在人类适应不断变化的环境中生存起到独特的作用(Burgess,1997;Shallice,Burgess,1996)。然而,监管系统是资源密集型的,需要大量的时间和精力来加工信息。因此,与受威胁时作为简单实时认知处理器相比,监控系统在提高存活率方面的作用必须更加微妙。

有人提出,在受威胁情况下,监管系统无法运作的原因是受到了时间约束(Leach,2004)。如上所述,创建一个临时的行为模式需要 8~10s,因此危险事件的发展速度要比监管系统的处理速度快。如果监管系统出现障碍,它就无法构建一个适当的新行为模式来应对危险。因此,如果监管系统已经制定了适当的响应模式,该响应模式就将通过匹配环境和感知触发器来激活(例如,当直升机在开阔水域中紧急迫降时,成功完成 HUET 的个体将会绕过监管系统,同时以正确的方式启动逃生响应)。如果不存在这种预先习得的行为,并且监管系统无法及时地创建行为,那么结果是:要么会引发不适当的反应,导致刻板行为或不适应行为;要么就不会触发任何反应,导致认知麻痹或冻结。

换言之,如果监管系统由于功能障碍或缺乏足够的时间而无法制定逃生计划,并且无法触发其他适当的行为反应,那么受害者在面对危险时会表现出瘫痪状态。在 1994 年"爱沙尼亚"号沉船事故中,有人目睹了这种现象:"看到许多(遇难者)只是一动不动,其他人似乎瘫痪了""……有些人够不到,当其他乘客试图引导他们时,他们没有反应,甚至对其使用武力或大声喊叫,也没有反应""有些人(只是)坐在角落里,没有能力做任何事情"(JAIC,1997)。

有人认为,监管系统负责在威胁条件下处理信息(Burgess,1997);然而目击者观察到的事实表明(Leach,2004),监管系统在威胁条件下的信息处理能力实际上是脆弱的,很容易被中断。显然,监管系统在生存中确实起到了作用,但在事故发生阶段没有发挥作用,因为它在功能上并不适用。更确切地说,监管系统的作用是通过增加更多时间来帮助人类生存,才能使个体提前在头脑中模拟紧急情况以应对事故。事实上,我们的记忆系统进化的方式是模拟未来,而不仅仅是存储过去(Klein,Robertson,Delton,2010)。通过这样的方式,监管系统在人类、环境和未来不测之间起到缓冲的作用。一旦接受了将潜在紧急情况建模作为目标导向活动的需要,监管系统将在灾难发生之前,通过实践、训练和经验来提高幸存者的生存能力。

然而从事故调查中可以清楚地看出,这种能力并不是天生的。事实上,许多人的反应与直觉预期是相反的,人们会想方设法地避免考虑任何额外的生命风险——"想都别想"的反应。预见灾难会导致灾难发生的迷信思想是根深蒂固的。

3.6 水上迫降时：事故发生阶段

在正常飞行中，飞行员已经规划好了航线，正在按照飞行计划工作。他在利用自身的监管系统实施目标导向行为，以到达目的地。执行性注意系统正在对外部和内部环境进行监控，将收到的信息与预测的计划进行比较，并集中注意任何警报（例如，附近有其他飞机飞行、仪表读数意外变化等）。工作记忆容量用于处理操作信息，以确保其行为与监管系统建立的即时操作目标一致。认知系统像正常的伺服反馈机制一样运行，然后飞机进行水上迫降。

这是心理学上的事故发生阶段，通常只持续几秒，有时也可能延长到 1min 左右。对加拿大发生在水上的 46 起直升机事故的研究（1979—2006）发现，83%的警告时间少于 15s，11%的警告时间在 16s～1min，2%的警告时间超过 1min，4%的警告时间无法估计（Brooks，MacDonald，Donati，Taber，2008）。2013 年，一架载有 16 名石油工人和两名机组人员的"超级美洲豹"L2 型直升机在苏格兰附近的设得兰群岛进行水上迫降，造成 4 名乘员死亡。英国皇家救生艇协会（RNLI）救援协调员向 BBC 述说："似乎发生了灾难性的电源中断，这意味着直升机会突然坠入大海，没有任何机会进行可控着水。"一名幸存者说："直升机似乎出现了严重的电源故障，马上就坠入海中，根本没有时间做好抱紧防撞准备。"

在直升机水上迫降时，除了几乎没有警告时间外，还发现了其他可能危及生存的因素（Brooks，Muir，Gibbs，2001）：机身下沉、倒扣、黑暗、涌入水流和屏气困难导致了定向障碍；水流压力、寒冷诱发喘息以及找寻和操作舱口抛放机构的难易程度也加剧了屏气难度。

遇险者必须在能见度很低的环境中确定舱门抛放机构的位置，而且通常情况下没有任何可视参考点。这需要访问大脑地图，并假设已经存储了位置信息（如飞行前简令）。必须保证抛放装置处于遇险者的手动操作空间之内，也就是说，可以触到手柄，否则就无法打开舱口。这意味着，遇险者必须向抛放手柄移动，或者手柄必须向遇险者移动。这是一个工程设计问题；关于该主题的深入讨论详见文献 Brooks（1997）和 Brooks，Bohemier（1997）。

一项 HUET 研究发现了定向障碍所导致的各种难题。该研究在调查水下抛放直升机逃生舱门的人体工程学时发现，即使是经验丰富的 HUET 教员也很难找到逃生设备的位置。对比在陆上直立状态下，直升机处于水下倒扣状态下，这个看似十分简单的任务变得异常困难，这是浮力过大和没有重力基准导致的（Brooks 等，1994）。

当直升机沉没水下时，逃生机构的多种不同设计进一步使定向障碍问题复杂化；逃生机构在设计、尺寸、数量、位置和功能（拉动、推动、旋转或撕开）等方面各不相同，即使位于逃生舱口或主机身上，与被抛放的舱口也是分开的。Brooks 等（1994）的观点是直升机逃生舱口抛放机构设计很差，无法进行水下逃生。有人可能会更进一步地质疑这些抛放机构设计是否完全适合水下环境使用，重点不是设计舱口打开把手，而是将抛放装置看作生存过程中的一个整体锁定部件（用手操作）。在基础层面上，问题在于设计一个需要自由漂浮体来识别、定位、移动、接触、启动和操纵机械装置的系统。这与航天器对接机构所遇到的问题没有不同，也许可以通过将抛放机构看作两个动态物体之间的锁定或对接设计问题来加以改进。

即使个体与抛放机构之间的物理关系保持不变，也必须花费时间来重新定位认知地图。研究表明，当三维物体从原来位置旋转或倒立时，在心理上重新定位所花费的时间与物体旋转的范围呈线性关系。也就是说，物体从原来位置移动得越多，个体在心理上将物体旋转回到原来位置所花费的时间就越长（Shepard, Metzler, 1971）。

有人指出，多数个体在直升机水上迫降事故中丧生，原因是无法从下沉的飞机中撤离，而不是由于受伤或身体迫降（详见第 8 章关于紧急呼吸系统的讨论）。也可以描述为个体在直升机水上迫降事故中丧生更多的是由于认知障碍而不是受伤或身体撞击。撤离失败应当从认知的角度来考虑，对于任何参加水上飞行的个体来说，"水上迫降环境"并不是一个未知的环境。为了使认知系统有效运行，必须要熟悉水上迫降环境。

3.7　水上迫降后：恢复阶段

成功地从水上迫降的直升机上撤离只是幸存者生存过程的一部分。有人认为，成功从水上迫降的直升机上撤离的群体有 50% 在救援到达之前丧生（Brooks, 1997）。这些死亡发生在心理恢复阶段，该阶段仍然是认知功能障碍的关键时期。

在恢复阶段，工作记忆的存储和处理功能恢复到正常水平，从而能够恢复对操作信息进行有效处理。执行性注意在恢复方面可能会比较慢，有一些幸存者可能最多需要三天的时间才能恢复完整的功能。这种缓慢的恢复对监管系统产生不利的影响，在这种情况下监管系统很难建立适当的适应性目标导向行为来帮助生存。在水上迫降后，紧接着认知系统会出现功能障碍，幸存者将面临二次威胁，如体温过低或热应激反应，并可能无法完成给救生衣充气、登救生船、定位和准备信号弹、服用晕船药等方面的救生行动。

生存需要目标导向行为，而无法建立相关的目标意味着无法创建支持生存的行为。缺乏适应性的导向行为可以表现为缺乏动力或冷漠。即使在海上生存训练演练中，人们在救生船上挤作一团而不做任何反应的情况并不少见。举一个一般认知功能障碍的例子,以一艘 176ft(1ft = 0.3048m)渔船在夏威夷 600mile(1mile = 1.609km)外沉没的事故为例(Leach,1994)。船上 8 名船员分别乘坐两只救生船,用一根长 30m 的绳子拴在一起,在航行过程中一直保持这种状态。两只救生船上的人有着各自不同的心理状态。其中一只救生船在三副的坚定领导下立即行驶起来。而在另一只载有船长的救生船上,领导层似乎毫无作为。三副坚持让每个人日夜轮流站岗,并决定信号弹发射的时机;清点食物和水,定量配给并公开分发给每个人;定期拖干净救生船,尽可能保持干燥,防止盐水腐蚀。这与另一只救生船形成鲜明对比,当时船员们没有采取任何类似的行动,很快陷入绝望。因为失去秩序,很快就会陷入崩溃。船沉没两周后,一艘海军舰艇将他们救起。需要注意的是,三副所在救生船上的船员能够自行爬上登船梯,而另一只救生船上的船员则必须用担架抬上船。船长在获救前一天死亡了。重要的是要认识到,两只救生船一开始在工艺、食物和水的种类上都是相同的(Leach,1994)。

3.8 小结

把人看作是任何机械或信息处理系统中的单独个体已经成为历史惯例。这种传统思维导致系统设计只能在正常的环境条件下运行,并只对规范行为做出响应。事实上,困难在于,一旦系统陷入异常的环境中,规范行为就会变成不适应行为,甚至可能会适得其反。在最坏的情况下就会丢掉生命。

日常行为有助于实现人们的短期、中期和长期目标,并且人们乘坐飞机是有原因的。这种目标导向行为是通过三个紧密相连的认知系统的相互作用来实现的:监管系统实现执行功能,如制定计划、形成目标、启动有意识行动、监测和更新并在必要时抑制当前进行中的行为;执行性注意对支持这些目标所需的信息进行筛选,防止多余的信息干扰;工作记忆对所选择的操作信息进行处理,以形成适当的行为来实现这些目标。

环境或条件的突然变化阻碍了认知信息的处理和调整。如果这种新的条件也具有威胁性,这种认知障碍就会加剧。处于快速移动的威胁之中,监管系统运行速度太慢,无法实时对信息进行处理。执行性注意会出现障碍,在某些情况下可能需要数小时甚至长达三天的时间才能完全恢复正常功能。这使得认知系统只是对环境的刺激做出反应,而不是启动有计划的适应性(救生)行为。用于信息存储和处理的工作记忆容量被耗尽,其结果表现为能够保存的操作信息量减少,并且处理信息的速率降低。

这种多层次障碍所导致的行为表现为丧失主动性、刻板行为、思维和行动的重复行为、机能亢进、活动减退和运动不能或认知麻痹。这种在生存状态下发生的行为被认为是幸存者执行障碍综合征(Leach,2012)。

因此,应当采取以下三种方法来帮助生存:

一是必须通过暴露和熟悉威胁环境的方式使其标准化,通过训练和实践将正确(适应性)行为变成规范行为。最终达成的结果是,当直升机水上迫降时,来自这个突发的新威胁环境的刺激会触发适当的适应性反应来帮助生存,同时绕过监管系统。

二是工程师应当将直升机紧急逃生设施设计成易于在水下倒扣威胁环境中操作。建议至少将抛放系统设计成支持人体锁定系统,并考虑到在威胁状态下有限的行为响应,应当尽可能地将不同类型飞机的抛放机构实现标准化。

三是为了克服事故前阶段的初始否认行为,并在风险环境中准备适当的应急行为,每个人都应该扪心自问:我的第一反应是什么? 接下来的部分就会随之而来。

最后用一个类比来进行总结:在一项关于直升机水上迫降的研究中,Brooks 等(2008)对飞机上携带的救生设备和救生船进行评论,指出:"……救生船存储、维护和保养不当。"在此需要补充一点,救生知识与救生设备同等重要,要使这些知识发挥正常作用,就必须对其正确存储、充分维护和定期保养。

参考文献

[1] AAIB: Air Accident Investigations Board. (1988). *Report on the accident to Boeing 737-236, G-BGJL, at Manchester Airport on 22nd August 1985*. London: AAIB.

[2] AAIB: Air Accident Investigations Board. (1990). *Report EW/C1174*. London: AAIB.

[3] Baddeley, A. (2011). Working memory: theories, models, and controversies. *Annual Review of Psychology*, 63, 1-29.

[4] Baddeley, A., & Della Sala, S. (1996). Working memory and executiv econtrol. *Philosophical Transactions of the Royal Society of London B*, 351, 1397-1403.

[5] Bracha, H. S. (2004). Freeze, fiight, fight, fright, faint: adaptationis tperspectives on the acute stress response spectrum. *CNS Spectrums*, 9, 679-685.

[6] Breivik, G., Roth, W. T., & Jorgensen, P. E. (1998). Personality, psychological states and heart rate in novice and expert parachutists. *Personality and Individual Differences*, 25, 365-380.

[7] Brooks, C. J. (1989). *Human factors relating to escape and survival from helicopters ditching in water*. Neuilly, France: NATO AGARDograph No. 305 (E).

[8] Brooks, C. J. (1997). Surviving a helicopter ditching: an engineering challenge. In *AGARD symposium on future aerospace technology in the service of the alliance*, CP-600 (Vol. 1). France: Ecole Polytechnique.

[9] Brooks, C. J. (2008). *Survival at sea for mariners, aviators and search and rescue personnel*. Brussels: NATO Research and Technology Organisation.

[10] Brooks, C. J., & Bohemier, A. P. (1997). Helicopter door and window jettison mechanisms for

underwater escape: ergonomic confusion! *Aviation, Space & Environmental Medicine*, 68, 844-857.

[11] Brooks, C. J., Boheimer, A. P., & Snelling, G. R. (1994). The ergonomics of jettisoning escape hatches in a ditched helicopter. *Aviation, Space & Environmental Medicine*, 65, 387-395.

[12] Brooks, C. J., MacDonald, C. V., Donati, L., & Taber, M. J. (2008). Civilian helicopter accidents into water: analysis of 46 cases, 1979 - 2006. *Aviation, Space & Environmental Medicine*, 79, 35-40.

[13] Brooks, C. J., Muir, H. C., & Gibbs, P. G. N. (2001). The basis for the development of a fuselage evacuation time for a ditched helicopter. *Aviation, Space & Environmental Medicine*, 72, 553-561.

[14] Burgess, P. W. (1997). Theory and methodology in executive function research. InP. Rabbitt (Ed.), *Methodology of frontal and executive function*. Hove: Psychology Press. Cannon, W. B. (1929). *Bodily changes in pain, hunger, fear and rage*. Appleton: Oxford.

[15] Carpenter, P. A., Just, M. A., & Reichle, E. D. (2000). Working memory and executive function: evidence from neuroimaging. *Current Opinion in Neurobiology*, 10, 195-199.

[16] Cook, J. (1989). *An accident waiting to happen*. London: Unwin Hyman Ltd. Critchley, M. (1943). *Shipwreck survivors: A medical study*. London: J & A Churchill.

[17] Cullen, L. (1990). *The public inquiry into the Piper Alpha disaster*. London: HMSO, Depart- ment of Energy.

[18] Cunningham, W. (December 1978). Helicopter underwater escape trainer (9D5). In *NATO AGARD Conference Proceedings No 255*.

[19] Engle, R. W. (2002). Working memory capacity a sexecutive attention. *Current Directions in Psychological Science*, 11, 19-23.

[20] Foster, C. P. T. (1934). *1700 miles in openboats: The story of the loss of the SS Trevessa in the Indian Ocean, and the voyage of her boats to safety*. Oxford: Hought on Miffiin.

[21] Friedman, P., & Linn, L. (1957). Some psychiatric notes on the Andrea Doria disaster. *American Journal of Psychiatry*, 114, 426-432.

[22] Griffith, J. D., & Hart, C. L. (2002). A summary of US skydiving fatalities: 1993 - 1999. *Perceptual and Motor Skills*, 94, 1089-1090.

[23] Hayward, J. S., Hay, C., Matthews, B. R., Overwheel, C. H., & Radford, D. D. (1984). Temperature effect on the human dive response in relation to cold water near-drowning. *Journal of Applied Physiology: Respiratory, Environmental and Exercise Physiology*, 56, 202-206.

[24] JAIC. (1997). *Final report on the capsizing on 28th September 1994 in the Baltic Sea of the ro-ro passenger vessel MV Estonia*. Finlandand Sweden: Joint Accident Investigation Commission of Estonia.

[25] Jones, K., & Harrison, Y. (2001). Frontal lobe function, sleep loss and fragmented sleep. *Sleep Medicine Review*, 5, 463-475.

[26] Klein, S. B., Robertson, T. E., & Delton, A. E. (2010). Facing the future: memory as an evolved system for planning future acts. *Memory & Cognition*, 38, 13-22.

[27] Leach, J. (1994). *Survival psychology.* Basingstoke: Palgrave Macmillan.
[28] Leach, J. (2004). Why people 'freeze' in an emergency: temporal and cognitive constraints on survival responses. *Aviation, Space & Environmental Medicine*, 75, 539–542.
[29] Leach, J. (2005). Cognitive paralysis in an emergency: the role of the supervisory attentional system. *Aviation, Space & Environmental Medicine*, 76, 134–136.
[30] Leach, J. (2012). Maladaptive behaviour in survivors: dysexecutive survivor syndrome. *Aviation, Space & Environmental Medicine*, 83, 1152–1161.
[31] Leach, J., & Ansell, L. (2008). Impairments in attentional processing in afield survival environment. *Applied Cognitive Psychology*, 22, 643–652.
[32] Leach, J., & Griffith, R. (2008). Restrictions in working memory capacity during para-chuting: a possible cause of 'no-pull' fatalities. *Applied Cognitive Psychology*, 22, 147–157.
[33] Levy, R., & DuBois, B. (2006). Apathy and the functional anatomy of the prefrontal cortex-basal ganglia circuits. *Cerebral Cortex*, 16, 916–928.
[34] Muir, H., Marrison, C., & Evans, A. (1989). *Aircraft evacuations: The effect of passenger motivation and cabin configuration adjacent to the exit.* UK Aviation Authority.
[35] Newell, A. (1994). *Unified theories of cognition.* Cambridge, MA: Harvard University Press. Porter, H., & Leach, J. (2010). Executive dysfunction in a survival environment. *Applied Cognitive Psychology*, 24, 41–66.
[36] Robinson, S. J., Sunram-Lea, S. I., Leach, J., & Owen-Lynch, P. J. (2008). The effects of exposure to an acute naturalistic stressor on working memory, anxiety and salivary cortisol concentrations. *Stress*, 11, 115–124.
[37] Schiff, B. (December 2001). Ditching egress training. *Equipped to survive.* AOPA Pilot Magazine.
[38] Shallice, T., & Burgess, P. (1996). The domain of supervisory process and temporal organisation of behaviour. *Philosophical Transactions of the Royal Society of London B*, 351, 1405–1412.
[39] Shepard, R. N., & Metzler, J. (1971). Mental rotation of three-dimensional objects. *Science*, 171, 701–703.
[40] Thompson, L. A., Williams, K. L., L'Esperance, P. R., & Cornelius, J. (2001). Context dependent memory under stressful conditions: the case of skydiving. *Human Factors*, 43, 611–619.
[41] TSBC. (July 14, 1986). A86P4053: *Report of B737-275 air incident, Kelowna, B. C.* Quebec: Transportation Safety Board of Canada.
[42] TSBC. (2008). SA9501: *A safety study of evacuations of large passenger-carrying aircraft.* Quebec: Transportation Safety Board of Canada.

第4章
冷水浸泡的生理反应：从研究到防护

Michael J. Tipton
(英国朴茨茅斯市　朴茨茅斯大学)

4.1　引言

本章讲述了人们对冷水浸泡所面临危险的认识的演变过程，专门针对紧急迫降时从倒扣直升机中进行的水下逃生。本章内容透过时间的迷雾，最终将科学知识与现实危险联系起来，并从中发展出技术解决方案。因此，它是对应用科学的发展，体现了将基本概念应用于解决实践问题的原则。本章也阐述了关于需要多长时间来改变人们的观念、打破墨守成规以及需要灾难来推动变革等深刻见解。

4.2　背景

有时进步来源于现有信息的汇集。在这种情况下，"原始思维"是建立在对从前不相干因素之间联系的认识基础上的。有理由认为，这种情况与冷水浸泡的初始危险反应、直升机水上迫降死亡以及提供紧急水下呼吸辅助设备(EUBA)之间的关联是相同的。虽然每一个因素都是孤立存在的，直到20世纪80年代才将这些元素相互联系在一起。

希罗多德描述了公元前450年波斯将军马多尼乌斯那次海上远征行动的悲惨结局，可能是最早记载提到寒冷在浸泡导致死亡中的独立作用。记载中提到："那些不会游泳者因此而死亡，其他人则死于寒冷。"有趣的是，早在公元前9世纪新亚述人的浅浮雕中就可以看到首次使用水下呼吸气囊(图4.1)。

英国海军军医詹姆斯·林德爵士(1765—1823)指出，身体降温、肌肉疲劳、意识障碍和随后淹溺都会导致身体低温。他认识到复温对扭转身体降温的不利影响的重要性。詹姆斯·柯里(1756—1805)是苏格兰人,在利物浦行医。最为人铭记的是他的文集和罗伯特·伯恩斯传记,以及关于用水治疗发烧的医学报告(Currie,1805),其中包含了第一个用英语来系统记录冷水浸泡对人体影响的实验和使用温度计进行临床观察。据说,柯里对冷水的兴趣始于1790年12月,当时他站在人群之中,无助而沮丧地看着一艘美国帆船上的船员被困在利物浦港口的沙坝之上,在5℃的海水中挣扎求生。随着时间的推移,船员们开始抓不住船,然后掉进水里淹死了。柯里发现:在水中比在空气中降温更快,水温和存活率之间有一定关系,浸泡后降温仍在继续。他还提倡用热水浴作为一种复温方法。

图4.1 约公元前870年新亚述人的浅浮雕

注:图中展示了阿苏尔纳西尔帕二世关于在苏希邦的敌国首都苏鲁附近幼发拉底河上发生的一起游泳者事件的书面记载。一些人声称这是第一次使用充气兽皮进行循环式呼吸辅助潜水的证据。另一些人则声称,在这么大的浮力下不可能潜入水中,所以游泳者使用气囊作为支撑(作为救生衣而不是潜水设备);无论是哪种方式,与嘴相连使它成为最早记录的使用呼吸气囊的证据。

截至1912年,在总共32000次的跨大西洋航行中,只有25起(0.0008%)船只或人员遇难事故,死亡人数总计148人。部分原因解释为缺乏足够的安全措施,人们并不认为风险有那么大。1912年4月15日,"泰坦尼克"号沉没,1503人丧生,使这一观点发生了变化。虽然这场悲剧引发了许多令人受益的改变,包括《国际海上人命安全公约》的产生,随后对体温过低的关注却不在其中。

尽管在正式的调查中有相关的陈述,比如17岁的头等舱乘客杰克·塞耶说道:"寒冷是非常可怕的。水的冲击使我喘不过气来……。"或者 200yd(1yd = 0.914m)是所有幸存者声称能坚持游泳并爬上船的最大距离,迹象表明并没有意识到水中浸泡所引起的短期有害反应。事实上,"泰坦尼克"号事件中遇难的大多数人并没有"随船沉入海底",而是穿着救生衣漂走了,第二天早上,"麦凯-贝内特"号船员从海上打捞起 300 具尸体,这些穿着救生衣的尸体漂浮在海上,人们意识到体温过低才是冷水浸泡所需要面临的最大危险。产生这种观点的主要原因是"泰坦尼克"号沉没时海面平静,在这种情况下救生衣能够保持呼吸道畅通,并防止在水中浸泡时呼吸失控,从而导致淹溺,这是杰克·塞耶所描述的信息。在第二次世界大战期间,人们开始持续关注体温过低问题,45000 名皇家海军人员中有 2/3 是在生存阶段丧生的,通常是在偏远地区。提供的救生衣和救生船可以减少淹溺的概率,但不会对体温过低起到任何作用。

对体温过低的关注仍在继续,并且仍然对一系列领域产生影响,包括生存时间的估计、随后的搜救政策、浸泡致死原因以及防护设备的提供。因此,最初为海上飞行直升机乘员提供的个体防护装备只是一套抗浸服和救生衣。然而,越来越多的证据表明还需要考虑其他危险应对措施,这些证据来自统计数据、传闻逸事以及科学研究。英国内政部关于水上安全的工作组报告(1977)指出,英国每年约有 55%的开放水域浸泡死亡事件发生在安全避难所 3m 范围内(42%发生在 2m 以内),2/3 的死亡者是那些被认为游泳好的人群。迄今为止的统计数据大致相同(Tipton,2014)。关于人们浸没在冷水中由于心脏问题或淹溺而迅速死亡的轶事报道很常见,以至于衍生出了"冷水刺激性昏厥"。早在 1884 年,福克就在一份科学报告中提到了手部皮肤遇冷时的呼吸反应。第二次世界大战期间在达豪集中营进行的实验(Alexander,1945)报告了冷水浸泡时出现了初始过度通气。

相关文献对突然冷水浸泡的初始反应进行了研究和描述。正是这些文献加上死亡事故调查的轶事传闻,促使戈尔登和赫维在 1981 年提出了与特定风险相关的 4 个浸泡阶段:

第 1 阶段,初始反应(最初 3~5min)。

第 2 阶段,短期浸泡(5~30min):神经肌肉功能障碍,引起由于浅表神经和肌肉遇冷而导致的身体失能。

第 3 阶段,长期浸泡(30min 以上):即使在最冷的水温条件下,成人出现体温过低的症状也不会早于这个时间段。

第 4 阶段,浸泡后(获救期间崩溃):获救前、获救中或获救后随即发生的动脉血压下降和心力衰竭(Golden,Hervey,Tipton,1994)。

这种对冷水浸泡人群所面临危险的分类方法至今仍然是最准确的,为理解和解释涉及冷水浸泡的事故提供了明确的框架(表 4.1)。

表4.1 致命事故分析时特定风险分类相关4个浸泡阶段的描述

"……他们在入水后几秒内就死亡了。"	第1阶段
"……他解开了座椅安全带,但没能离开直升机。"	第1阶段
"……他看起来明显很虚弱,无法登上救生船。"	第2阶段
"……救生船上的一名乘员在尝试打开装有水杓的袋子时,牙齿掉了。"	第2阶段
"……他没抓住救生船,漂走了。"	第2阶段
"……在救生船上,有些人沉默寡言,还有个人焦躁不安,咄咄逼人,然后失去了知觉。"	第3阶段
"……在被吊救起来时,他的情况明显恶化。"	第4阶段

注:来自"自由企业先驱"号(1987)、"鸬鹚阿尔法"号(1992)和"爱沙尼亚"号(1994)的灾难声明。

1989年,Tipton(1989)研究了人类对冷水浸泡的初始反应,并采用了"冷休克"一词,"休克"指的是反应的刺激和情绪方面,而不是医学上对休克的定义。在这项研究中还得出"冷休克反应可在全身体温过低出现以前过早地导致个体死亡或严重失能"的结论。

冷休克反应包括皮肤温度突然降低引起的一系列心肺反应(Cooper, Martin, Riben, 1976;Goode 等, 1975;Keatinge, Evans, 1961;Keatinge, McIlroy, Goldfien, 1964;Keatinge, Nadel, 1965)。在一定范围内,冷休克反应的程度与皮肤温度的变化速度(时间总和)和身体表面暴露面积(空间总和)有关(Tipton, Stubbs, Elliott, 1990)。裸露的个体在水中的反应峰值处于 10~15℃之间(Tipton, Stubbs, Elliott, 1991),心血管反应包括心率、心输血量和血压都会增加。与这些反应相关的危害可能被低估了,因为大多数关于冷休克的实验研究都是在年轻、健壮且健康的志愿者中进行的。此外,虽然最初失能可能是心脏问题引起的,但濒于死亡的痛苦喘息可能导致肺吸入水和明显的淹溺。最后,其中一些心脏问题是由于电干扰,死后是无法检测到的,需要寻找其他死因。

在年轻、健壮且健康的志愿者进行露头浸泡时,观察到约1%的人员存在心率失常现象。然而,如果头部浸没水中且屏住呼吸,即直升机水下逃生时会出现的情况,这一比例上升到约82%(Datta, Tipton, 2006)。Tipton, Gibbs, Brooks, Roiz de Sa, Reilly (2010)测量了26名年轻、健壮且健康的男性在29.5℃水中进行5轮直升机水下逃生训练的心电图。每一轮训练间隔至少10min(与标准的直升机水下逃生训练没有区别),每个人都需要屏气约10s。在所有测试中,22名参与者出现32例心律失常(25%);除6例外,其余均发生在浸没后(超过屏气极限)。有氧适能与心律失常的发生成反比,预测有氧代谢能力大于3.88L/min(含体重44.7mL/(kg·min))的个体没有发生心律失常。Tipton 等(2010)确认了早期的调查结果(Tipton, Kelleher, Golden, 1994),并得出结论,直升机水下逃生训练会引起心律失常,这些心律失常的表现大多是室上性的、无症状的,可能对于年轻、健壮且健康的个体几乎没有临床意义。目前还不清楚对于年龄较大、不太健壮的人群，或者在较冷的水中屏气时间较长的人群是否也是这样的情况。

近几年的"自主冲突"理论（Shattock，Tipton，2012；Tipton 等，2010）指出，在水下浸泡期间，尤其是在屏气释放的时候，心律失常的高发生率是自主神经系统的两个分支同时受到刺激而引起的。正常情况下，自主神经系统的交感神经系统和副交感神经系统是相互作用的，但在淹溺过程中皮肤骤然遇冷会引发冷休克反应，包括交感神经性心动过速（心率增加），而面部的口鼻区域遇冷则会引起"潜水反应"，其中包括迷走神经性心动过缓（心率降低）（de Burgh Daly，Angell-James，1979）。正是这种来自自主神经系统两个分支对心脏提供的矛盾输入被认为会导致心律失常。这些影响在一般情况下是无症状且无害的；但是存在心脏病等辅助因子时，会导致致命性心律失常（Shattock，Tipton，2012）。

冷休克反应的呼吸部分包括"喘息"反应和无法控制的过度通气，而过度通气会抑制屏气（Tipton，1989）。在10℃水中浸泡时，正常情况下，平均最长屏气时间约为5s，而穿着不隔热的"干式"抗浸服的人群平均最长屏气时间约为20s（Tipton，Balmi，Bramham，Maddern，Elliott，1995）。Goode 等.（1975）在28℃的水中初次浸泡时，测量到平均吸气量为2L，在11℃水中上升到3L（Tipton，1989）。比较而言，一名体重为70kg的人在海水中淹溺的致死量约为1.5L（Modell，1971）。冷休克反应的各个组成部分如图4.2所示。

综上所述，对于浸泡在冷水中的人来说，目前认为浸泡后的最初呼吸反应是最危险的，尤其是在这种浸泡情况下需要屏气才能从迫降的倒扣载具（如直升机）中逃生时。20世纪80年代中期，科学文献中积累的证据还没有渗透到运营领域，因此规定民用直升机乘员使用EUBA还有一段路要走（见第8章）。有越来越多的轶事证据被忽略。1979年，美国两架HH-3F型直升机分别在13℃和14℃的水中紧急迫降，9名机组人员只有3名幸存下来。遇难者中没有人是因伤势严重而不能从倒扣漂浮的飞机中逃生。事后调查显示，所有遇难者均是在试图逃生时淹溺身亡。在每起事故中，由于突然浸入冷水的影响，认为屏气时间缩短可能是淹溺的前兆（Eberwein，1985）。

正如之前所描述的，到20世纪80年代中期，20世纪初开始对人体温过低的关注仍然存在。与人从倒扣漂浮的直升机上逃生后在海面体温过低导致的死亡相比，无法逃生（冷休克导致淹溺或心脏骤停）导致的死亡受到较少的关注。例如，在英国1992年"鸬鹚-阿尔法"直升机水上迫降事故中，直升机在飞往生活平台途中水上迫降到一处设施旁边，17位乘员中有11人死亡，全面致命事故调查报告的大部分是讨论其中6人逃生到海面后发生的死亡事故（Jessop，1993）。事故报告将抗浸服质量、体温过低、存活时间以及影响该时间的因素都考虑在内。在某些案例中，将已经解开安全带但未能从直升机上逃生的个体描述成"被大海征服了"。但是报告并没有考虑被征服的原因，或者可以事先提供哪些帮助。这种仅关注体

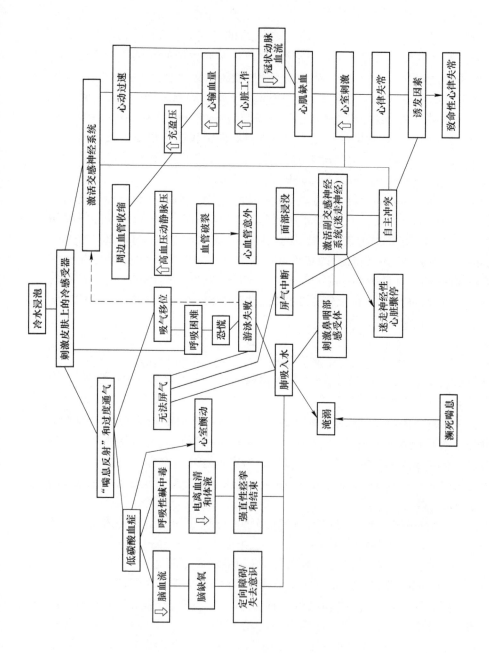

图4.2 冷水浸泡("冷休克")初始反应的当代观点

注:诱发因素包括血管病变,动脉粥样硬化,长QT综合征,心肌肥厚,局部缺血性心脏病(Tipton,1989;Datta,Tipton,2006;Tipton 等,2010;Shattock,Tipton,2012)。

温过低导致的死亡,而不考虑未能从迫降直升机中逃生者"死因",可能是推迟引入 EUBA 的原因。

据 1995 年英国海岸警卫队、军方以及北海民用运营商等团体估计,从水上迫降倒扣的直升机中有序逃生所需时间为 40~60s(Tipton 等,1995)。而穿着非隔热型直升机乘员服在冷水中浸泡时所达到的平均最长屏气时间约 20s,二者的时间差为规定使用某种形式的 EUBA 提供了有力的依据。事实上,同年英国民航局(CAA,1995)对直升机海上安全和救生情况的调查提供了 1976—1993 年涉及英国运营的海上直升机的 4 起可生存事故的细节。在这些事故中,54 名乘员中有 19 人死亡,11 人未能从直升机上逃生,8 人死在海面上。报告中指出,从沉没直升机逃生所需的时间可能比遇难者屏气时间更长,尤其是在水很冷的时候。尽管如此,得出的结论是(规定使用某种形式的水下呼吸装置)不会获得明显的优势,而且根据现有的证据,英国民航局没有理由就此出台监管措施。

早在 1985 年,英国壳牌公司和埃索石油公司与英国皇家海军及萨里大学合作,致力于"水下直升机逃逸救生"的研究。由此得出的实验结果表明,对于直升机乘员和机组人员来讲,浸泡的初始反应是一种特殊的危险,在实验中分别使用了当时英国用于运送工人往返于设施与生活平台的"短款"湿式潜水服,以及往返于水上与岸上的非隔热"干式"潜水服,但这种特殊危险并没有因为使用任一种潜水服有所改善(Tipton,Vincent,1989)。由此得出的结论是"在冷水浸泡过程中,个体无法屏气而造成的问题,可以通过提供某种形式的紧急呼吸系统在一定程度上避免(Brooks,Tipton,2001)。"

针对这一建议,石油公司要求科学家、设计师和制造商生产一种设计简单的 EUBA,当按照建议使用时,它在显著延长用户水下生存时间方面只能起到辅助作用。该规范对设计具有一些重要的意义。特别是"只能起到辅助作用"这句话排除了使用压缩空气源的可能性,例如,当时可用的 HEED 设备,要么是小型潜水器("小马"气瓶),要么包括压缩空气瓶,这可能带来潜在的肺超压事故危险。据报道,在使用直升机 EUBA 进行训练期间,从 1m 处上升时出现了自发性气胸和动脉气体栓塞的现象(Benton,Woodfine,Westwood,1996;Tipton 等,1995)。

在详细查询了与呼吸控制相关的文献(Fowler,1954)之后,在 20 世纪 80 年代末和 90 年代初提出和发展了简单循环式呼吸器概念(Tiptonet 等,1995,1997)。这个装置后来被称为"气袋",由接洽中唯一一家同意参加最初演练的鲨鱼集团公司制造。

鉴于抗浸服和救生衣之间存在长期未解决的不兼容性(RGIT,1988),如果要为直升机乘员防护设备(抗浸服和救生衣)中增加 EUBA,很重要的一点是由此产生的全套服装应当形成一套集成化救生系统(ISS),参见 Tipton(1993)。对于直升机乘员而言,该系统应包括先进的抗低温防护装具;与许多救生衣不同的是,这种救生衣可以自动扶正穿着抗浸服的伤员,还配置一个 EUBA(详见第 9 章)。这一概念背后的基本原则是,应当针对浸泡事故提供一些防护措施,以防与冷水浸泡有关的危险反应,ISS 的各个组成部分应当具备兼容性和互补性;同时这些设备应当互相依存,因为抗浸服性能越好,对 EUBA 的需求就越小。由于为个体提供的防护设备类型不同,这些设备也是分别设计、开发和评估的,ISS 的概念在目前仍然适用,就像 20 多年前一样。

10 年之后,在设备和训练清单中增加了 EUBA 设备,以帮助人们从迫降倒扣的直升机中逃生,即带空气阀的抗浸服、舱口水下照明设备和倒扣直升机水下逃生训练。

在此后的 20 年里,许多反对提供压缩空气的意见在一些地区已经被遗忘、忽视或缓和,而这类设备在业内得到广泛应用(详见第 2、8 章)。出于安全考虑,在用浅水逃生训练(SWET)椅进行近水面训练时才使用压缩空气型 EUBA,而未在完整"沉箱" HUET 中使用,因为这种训练需要在更深处(>1m)进行逃生。关于 EUBA 使用规定的未决问题包括:

(1) 以一种可避免自主冲突的安全方式测试 EUBA 存在困难(图 4.2)。

(2) 存在可能错误的假设,即在紧急情况下,民用直升机水上迫降乘员能够在浸没后展开、启动并使用 EUBA。

(3) 在某些地区存在假设,即无浸泡"干式"训练就足够了,或者近水面 SWET 足以为直升机迫降做好准备。

(4) 与近水面 SWET 不同,在 HUET 期间,使用压缩空气源可能导致超压事故,要求提供相关的医疗和技术支持。2001 年 1 月至 2006 年 1 月,共有 15000 名英国皇家海军受训人员(每年 3000 人)接受了短期空气供给系统(STASS)训练。在此期间,34 名受训人员被转到医疗中心,其中 7 个病例使用过压缩空气源 STASS(健康问题可能不是 STASS 引起的),最严重的病例是自发性气胸。

(5) 潜水健康指南(如英国胸科学会 2003 版)建议,患有各种慢性肺病、急性胸部感染和哮喘的群体不应进行压缩空气潜水训练。在任何时候,这可能占到总人口的 10%。

4.3 小结

冷水浸泡初始反应是意外浸入冷水中的个体所面临的最大威胁,尤其是必须进行水下逃生的直升机乘员。为此类乘员提供的个体防护设备应当包括一套具有先进抗低温防护功能的干式抗浸服、救生衣和 EUBA。EUBA 类型应通过评估训练类型(HUET 与 SWET)的价值以及每种类型设备相关的医疗例外情况和风险来确定。水下设备部署速度应该与它是循环式呼吸器还是压缩空气源无关。

在20世纪80年代末,人们认为提供一个简单循环式呼吸器是明智的;在随后的几年里,压缩空气源越来越受欢迎,可能是因为许多与HUET有关的群体都是训练有素的潜水员。无论选择何种类型的设备,为直升机乘员提供的各种防护设备都应形成一套集成化救生系统。

参考文献

[1] Alexander, L. (1945). *The treatment of shock from prolonged exposure to cold, especially water*. London: Combined Intelligence Objectives Sub-Committee APO 413 C105. ItemNo. 24, Her Majesty's StationaryOffice.

[2] Benton, P. J., Woodfine, J. D., & Westwood, P. R. (1996). Arterial gas embolism following a1-meter ascent during helicopter escape training: a case report. *Aviation, Space, and Environmental Medicine*, 67, 63–64.

[3] British Thoracic Society. (2003). *Guidelines on respiratory aspects of fitness for diving*.

[4] Brooks, C. J., &Tipton, M. J. (2001). The requirements for an emergency breathing system (EBS) in over-water helicopter and fixed wing aircraft operations. In *RTO ARGAR-Dograph* (Vol. 341). France: Research and Technology Organization, North Atlantic Treaty Organization.

[5] de Burgh Daly, M., & Angell-James, J. E. (1979). The 'diving response' and its possible clinical implications. *Internal Medicine*, 1, 12–19.

[6] Civil Aviation Authority (CAA). (1995). *Review of helicopter offshore safety and survival*.

[7] London, UK: CAP641. ISBN: 0-86039-608-8.

[8] Cooper, K. E., Martin, S., & Riben, P. (1976). Respiratory and other responses insubjects immersed in cold water. *Journal of Applied Physiology*, 40, 903–910.

[9] Currie, J. (1805). Medical Reports, on the effects of water, cold and warm, as a remedy in fever and other diseases, whethe rapplied to the surface of the body, or use dinternally. In *Including an inquiry into the circumstances that render cold drink, or the cold bath, dangerous in health, to which are added; observations on the nature off ever; and on the effects of opium, alcohol, and inanition* (4th, Corrected-and Enlarged ed., Vol. 1, p. ii). London: T. Cadell and W. Davies. Retrieved 2 December 2009. Full text at Internet Archive archive. org.

[10] Datta, A., & Tipton, M. J. (2006). Respiratory responses to cold water immersion: neural pathways, interactions and clinical consequences. *Journal of Applied Physiology*, 100(6), 2057–2064. Review.

[11] Eberwein, J. (July 1985). *The last gasp*. U. S. Naval Institute Proceedings, 128132.

[12] Fowler, W. S. (1954). The breaking point of breath holding. *Journal of Applied Physiology*, 6, 539–545.

[13] Golden, F. StC., & Hervey, G. R. (1981). The "afterdrop" and death after rescue from immersion in cold water. In J. A. Adam (Ed.), *Hypothermia ashore and afloat*. Aberdeen: Aberdeen University Press.

[14] Golden, F., Hervey, G. R., & Tipton, M. J. (1994). Circum-rescue collapse: collapse, sometimes fatal, associated with rescue of immersion victims. *South Pacific Underwater Medicine Society Journal*, 24(3), 171-179.

[15] Goode, R. C., Duffin, J., Miller, R., Romet, T. T., Chant, W., & Ackles, A. (1975). Sudden cold water immersion. *Respiration Physiology*, 23, 301-310.

[16] Home Office Report. (1977). *Report of the working party on water safety*. London: HMSO.

[17] Jessop, A. S. (1993). *Determination of the cormorant alpha fatal accident inquiry*. Aberdeen.

[18] Keatinge, W. R., & Evans, M. (1961). The respiratory and cardiovascular response to immersion in cold and warm water. *Quarterly Journal of Experimental Physiology*, 46, 83-94.
Keatinge, W. R., McIlroy, M. B., & Goldfien, A. (1964). Cardiovascular responses to ice-cold showers. *Journal of Applied Physiology*, 19, 1145-1150.

[19] Keatinge, W. R., & Nadel, J. A. (1965). Immediate respiratory response to sudden cooling of the skin. *Journal of Applied Physiology*, 20, 65-69.

[20] Modell, J. H. (1971). *Pathophysiology and treatment of drowning*. Springfield, Illinois: Charles C Thomas.

[21] Robert Gordon Institute of Technology (RGIT). (1988). *In-water performance assessments of lifejacket and immersion suit combinations*. London: RGIT Report for the Dept. of Energy, HMSO.

[22] Shattock, M., & Tipton, M. J. (2012). "Autonomic confiict": a different way to die on immersion in cold water? *Journal of Physiology*, 590(14), 3219-3230.

[23] Tipton, M. J. (1989). The initial responses to cold-water immersion in man. Editorial Review. *Clinical Science*, 77, 581-588.

[24] Tipton, M. J. (1993). The concep to fan "Integrated Survival System" for protection against the responses associated with immersion in cold water. *Journal of the Royal Naval Medical Service*, 79, 11-14.

[25] Tipton, M. J., Balmi, P. J., Bramham, E., Maddern, T., & Elliott, D. H. (1995). A simple emergency underwater breathing aid for helicoptere scape. *Aviation Space and Environ-mental Medicine*, 66, 206-211.

[26] Tipton, M. J., Franks, C. M., Sage, B. A., &Redman, P. J. (1997). An examination of two emergency breathing aids for useduring helicopter underwater escape. *Aviation, Space & Environmental Medicine*, 68(10), 906-913.

[27] Tipton, M. J., Gibbs, P., Brooks, C., Roiz de Sa, D., & Reilly, T. (2010). ECG during helicopter underwater escape training. *Aviation, Space and Environmental Medicine*, 81, 399-404.

[28] Tipton, M. J., Kelleher, P., & Golden, F. (1994). Supraventricular arrhythmias following breath-hold submersions in cold water. *Undersea and Hyperbaric Medicine*, 21(3), 305-313.

[29] Tipton, M. J., McCormack, E., & Turner, C. (2014). An international data registration for accidental and immersion hypothermia: the UK National Immersion Incident Survey Revisited. InJ. Bierens (Ed.), *Drowning, prevention, rescue, treatment*. Berlin, Heidelberg: Springer-Verlag.

[30] Tipton, M. J., Stubbs, D. A., & Elliott, D. H. (1990). The effect of clothing on the initial

responses to cold water immersion in man. *Journal of the Royal Naval Medical Service*, 76(2), 89-95.

[31] Tipton, M. J., Stubbs, D. A., & Elliott, D. H. (1991). Human initial responses to immersion in cold water at 3 temperatures and following hyperventilation. *Journal of Applied Physiology*, 70(1), 317-322.

[32] Tipton, M. J., & Vincent, M. J. (1989). Protection provided against the initial responses to cold immersion by a partialcoverage wet suit. *Aviation Space and Environmental Medicine*, 60(8), 769-773.

第5章
浸泡时的心理生理反应：准备与习惯化

Martin Barwood
英国泰恩河畔纽卡斯尔市 诺森比亚大学体育、运动和康复系

5.1 背景

"生存意志"经常被用来解释在特殊情况下个体会在生命受到威胁，甚至是恶劣的环境中能够超越人类的忍耐范围和生理极限，从而在逆境中生存下来。这一推论表明，在极端的生存案例中，成功生存者在某些方面可以通过个体心理学方法以及应对处境需要的能力来解释（Barwood, 2005）。在实验环境中，很难对这一概念进行评估，因为试图模拟一个真正威胁生命的场景存在很大的问题，在伦理上也是具有争议的。另一种方法是根据现有的证据，回顾性地解释生存场景中成功和失败的结果，希望就决定结果的可能影响因素达成共识。遗憾的是，这类情况的实际证据往往是缺乏的，通常都只是轶事传闻或信息不可靠，这样便很难得出可靠的结论。因此，从这种回顾性观察得出以证据为基础的干预措施可能不准确、不安全且没有足够的根据。在受控条件下的实验环境中，可以模拟环境压力源，施加程度较低的压力，以观察或控制已知在现实世界中影响意外致命暴露后果的生理和心理变量。假设在实验室中所观察到的相互关系也适用于生命受到威胁的极端情况。第4章探讨了决定意外冷水浸泡和直升机水下逃生结果的生理因素。本章将讨论心理方面和心理学方法在这些情况下可以发挥作用的依据；同时还考虑在面对冷水浸泡风险时，可以做好哪些准备。

5.2 引言

正如第4章中所述，意外浸入冷水会危及生命，因为冷休克反应的发作速度和强度都很高，所以增加了肺部吸水和淹溺的风险。因此，基本的生理功能，如以正

常的频率呼吸和保持正常的心率几乎是不可能的,至少在浸入水中的前几分钟是不可能的。意外浸入水中场景也会引发一系列心理反应,这些反应可能会放大(如急性焦虑症)或抑制(如预先习得的心理训练策略)冷休克反应组成部分的心理反应,从而影响生存概率。如果个体每天都有浸入水中的危险,比如飞行员和空勤人员,那么应明智地考虑心理变量对生存概率的影响程度。在可能的情况下,从业人员应当考虑将心理策略纳入救生训练课程中,因为已经证实在此类情况下这些心理策略是有效且有益的。如果浸泡场景包括直升机水上迫降以及要求从倒扣飞机中逃生,那么这种情况下的心理需求很可能会加重相应的生理反应。救生场景的要求越高,心理因素和策略对意外暴露者的影响就越大。这可能会增加成为遇难者而不是幸存者的机会(Leach,1994)。

5.3 冷水浸泡准备:心理对生理反应的影响

在极少数情况下会有足够的警告时间允许个体为即将发生的意外冷水浸泡做好准备,因此对于每天都面临着冷水浸泡风险的群体来讲进行生存训练是明智的。假设在受控模拟条件下通过实践学习到的技术可以在面临紧急情况时自动发挥作用。在实验室场景中采用同样的原理对个体进行了冷水浸泡的心理准备训练,然后得到了对冷休克反应的呼吸方面影响既显著又非常有益的结果(Barwood, Dalzell,Datta,Thelwell,Tipton,2006)。选择对浸泡时屏气时间进行研究,因为这是我们抵抗由皮肤突然遇冷而引起的呼吸驱动行为的最佳指标,而皮肤突然遇冷会导致冷休克反应。从逻辑上讲,在水中屏气的时间越长,水进入肺部导致淹溺的可能性就越低。人们普遍认为,在水中浸泡时最长屏气时间要比在空气中要短很多,实验数据表明二者之间可能存在某种关系(Tipton,1992)。在极端情况下,未采取保护措施的个体在极冷水中浸泡时的屏气时间可以减少到只有0.2s。Tipton, Vincent(1989)观察到这一极端的情况并在报告中指出,与在空气中屏气相比,当参与者浸泡在5℃水中时,平均屏气时间从45s下降到9.5s。而且发现,接受过心理干预策略的参与者在浸泡状态下的最长屏气时间提高了80%,从心理干预前的平均24.7s提高到干预后的44.3s,几乎提高了20s。与配对对照组(初始屏气时间为24.0s)相比,对照组浸泡后的初始屏气时间没有得到改善,第二次浸泡时的屏气时间稍微下降(21.3s,下降了2.7s)。在这项实验中,将第一次和第二次浸泡(参与者内部)水温(12℃)之差控制在0.1℃以内,通过这种水温控制以确信冷水的热驱动作用是相同的。从研究结果中可以得出结论,耐受和抑制呼吸的能力有所提高,尽管冷休克反应的强度相同。如果考虑在理想条件下从迫降倒扣的直升机中逃离需要28s的最少屏气时间(Cheung,D'Eon,Brooks,2001),似乎这种干预措施对心理产生足够的影响,可使个体不成为"遇难者"(最初24s屏气时间不足以逃离直升机),并增加"生存"概率(超过直升机逃生的最低阈值)。显然,这些数据所提出的关于心理因素在现实紧急情况中的重要性的说法很难得到支持,但有令人信服的证据表明,心理准备策略可以帮助抑制众所周知的致命的冷休克反应(Tipton,2003)。

5.4　心理干预反应的变化

尽管这些准备策略能够产生有益的效果,但心理干预反应的变化在个体间仍然存在很大差异。实际上,干预后的最长屏气时间为 13.5~115.9s,而干预前的最长屏气时间为 5.0~61.7s(Barwood 等,2006)。而且注意到,在空气和冷水中初始屏气时间最长的个体,通过心理干预往往会得到最大程度的提高。然而,无法从收集的数据中找到预测这种关系的共同线索,因为它在参与者中并不一致。这些数据表明,冷休克反应的呼吸变量与心理变量之间的关系是复杂的,但人们更有可能去影响生理反应,因为在这方面具有最大程度的自动调节能力。例如,在这项研究以及之前的其他研究中(Barwood,2005),我们研究了个体是否可以通过结构化心理干预对心率和血流等生理反应自动调节施加影响。这表明,可以通过意志控制原本被认为是自动产生的反应。并没有发现支持这一观点的证据,因为在浸泡场景中,心率和血流的变化是由自主神经系统的强传入信号驱动的,而自主神经系统受意志影响的程度较低。即使在浸泡前,心率反应和紧张水平(将浸水的紧张程度)都没有变化(Barwood 等,2006)。相反,通气(呼吸)受意志控制的比例相对较高,其典型表现就是屏气。

5.5　空中与水中屏气的心理因素

在空气中屏气中断的驱动由两个因素决定:第一个因素是静态的肺牵张感受器抵抗传入反馈增强的能力,这些感受器在标准呼吸周期内通常是活跃的(Godfrey,Campbell,1968)。当牵张感受器处于静态而非活跃状态时,大脑呼吸中枢向呼吸肌传出的驱动增强,使其重新开始呼吸运动(Godfrey,Campbell,1968)。在肺部含氧量不变的情况下减轻这种驱动就可以解释循环式呼吸系统在短期内证明是一种有效的水下呼吸装置(Tipton,Franks,Sage,Redman,1997)。也就是说,呼吸机制最初并不是由越来越低的氧气环境(低氧血症)和持续细胞呼吸而产生的二氧化碳增强(高碳酸血症)所驱动的(Datta,Tipton,2006)。第二个因素(从时间角度来看)是在使用循环式呼吸器的情况下低氧和高碳酸环境的发展(Tipton,Balmi,Bramham,Maddern,Elliot,1995)。在这个阶段,有害的空气饥饿感将开始增强,屏气中断可能是不可避免的。这两个因素都受到个体对所产生厌恶感的心理承受力限制。进入冷水后屏气时,过度通气的驱动最初来源于皮肤突然遇冷而使大脑呼吸中枢的交感神经系统输入增加(Keatinge,Evans,1961)。这代表了呼吸驱动的一个新阶段,以承受特定的冷水浸泡。在屏气期间,静态牵张感受器不太可能产生任何有意义的驱动。因此,认为在冷水中屏气时的心理需求与在空气中略有不同。然而,在心理上提高每个阶段厌恶感的承受能力将能够延长屏气时间。总的说来,在空气中最能忍受这种感觉的个体,才可能在冷水中屏气时间最长。

然而,屏气并非没有危险。事实上,在水中浸泡过程中,自主神经系统的两个分支(交感神经系统兴奋区和副交感神经系统抑制区)同时受到刺激,特别是在屏气极限时,倾向于产生不正常心律(心律失常),从而进一步威胁心血管疾病患者的生命(Tipton,Gibbs,Brooks,Roiz de Sa,Reilly,2010;第4章)。因此,建议在意外浸水(头在水上)而非浸没(头在水下,如直升机逃生的情况)情况下尽可能"漂浮第一",直至冷休克状态得以缓解,然后再寻求逃生策略(Barwood,Bates,Long,Tipton,2011)。

5.6　焦虑与冷休克反应

从逻辑上来讲,在紧急情况下会出现消极情绪状态,也会加重生理反应的强度(Barwood 等,2012)。例如,如果心理准备干预策略有利于控制冷休克反应,那么消极情绪状态,如在浸泡前或浸泡过程中所遭受的急性焦虑也会加重反应的强度,并降低意外浸泡的存活概率。我们研究了这种可能性,但由于发生心律失常的风险很高,没有将屏气相关的内容纳入研究范围(Tipton 等,2010)。然后发现焦虑和冷休克之间存在一个很有趣的关联。在这项实验中,参与者按照平衡的顺序接受两次 7min 的冷水(15℃)浸泡。在其中一次浸泡之前,参与者被告知水温比预期温度低 5℃;实际上,水温没有变化。得到的结果是浸泡前的焦虑水平显著升高,导致在 7min 浸泡开始之前以及整个浸泡过程中心率显著加快。焦虑增加的影响程度也足以加快浸泡前和浸泡期间的呼吸反应,在 7min 的后期更是如此。这些数据表明,急性焦虑实际上增加了没有反复接触冷水(不适应)个体的冷休克反应强度,而且这种影响的严重程度足以扩大到影响最大自主控制的反应(呼吸)。这可能是因为在以前采用心理干预的实验中(Barwood 等,2006),不管个体是否接受过心理干预,但有些个体所经历的焦虑强度足以压倒其抑制呼吸驱动的心理能力,导致屏气表现不佳。这可能是某些个体间的明显差异导致的。在现实生活的紧急情况中,只能假设急性焦虑水平很高,那么对冷休克反应的后果是最大限度地提升心脏和呼吸变量的水平(取决于水温)。控制相关的焦虑和减轻冷休克反应的感知因素可能是一种应用心理策略和/或生存策略使意外浸水的群体受益的机制。

5.7 心理准备策略与冷水浸泡

因为已经证实了心理策略在实验环境中能有效地增加浸泡时的屏气极限时间,这一点很重要,所以应当将其纳入生存训练课程和冷水作为应激源的情境。将心理策略纳入初始实验的理由是基于体育科学文献,其中心理技能训练(psychological skills training,PST)是一种显著提高运动成绩的公认方法(Thelwell,Maynard,2003)。理论认为,在最苛刻的运动环境中能够提高表现的技能,可以有针对性地应用于冷水浸泡反应,以对其产生积极的影响。PST通常包括一套专门为满足特定情况或运动需求而量身定制的技能组合。理论上,初始研究中包含的PST构成是通过集中注意力(目标设定)、调整生理唤醒(放松形式的唤醒调节策略)、促进心理演练(心理意象)和提高自信心(积极的自我暗示)来起作用。在第一次冷水浸泡研究中使用PST组合,总体结果为上述理论提供了有力的支持。然而,使用一套技能组合方式的缺点是,无法确定每种技能对实验效果相应的贡献。此外,人们对作为PST基础的神经生理学过程知之甚少,而且可能很大一部分影响仅是安慰剂的作用。尽管存在这些局限性,但在体育领域中确实有足够证据表明PST在其他情况下可能有效,正如随后所得的论证结果一样(Barwood等,2006;Barwood,Datta,Thelwell,Tipton,2007;Barwood,Thelwell,Tipton,2008)。下面简要概述每种技能及其与冷休克反应的理论关系。

5.7.1 目标设定

很难想象,在求生状况下,例如直升机水上迫降并随后需要水下逃生,个体可能需要一个目标或指标来保全生命,这一点是显而易见的。然而,在这种情况下注意力集中在相关线索上的能力,例如,把握屏气时机,在倒扣飞机中定位和定向,或部署水下紧急呼吸装置,同时过滤不相关的信息,又如,嘈杂的噪声或乱飞的碎片,这些是尝试成功逃生的基础。这一点尤其重要,因为在这种极端的胁迫下可能会出现知觉范围缩小导致关注相关线索能力受限的情况(Leach,2005)。因此,在最佳表现至关重要的时刻,集中注意力的能力却是有限的。Leach(2005)指出,注意力处理系统(特别是注意力监管系统)可能出现运转失常,对于未经训练的人来说,其后果可能是致命的。在关于冷水浸泡屏气(Barwood等,2006,2007)的研究中,假设了屏气结果性目标(延长屏气时间等同于提高生存概率),转而关注最终实现结果的过程。例如,要求参与者确定屏气中断的驱动峰值(如当水到躯干时),以及如何努力克服这种冲动(如使用PST技巧)。通过以目标为中心的结构化生存训练课程,将注意力集中在任务(如直升机水下逃生)组成部分进行训练,这一过程可以帮助潜在遇险者在紧急情况下本能地发挥逃生技能。目标是将任务的注意力处理需求降到最低,从而减少形势需求难以应付的概率。

5.7.2 唤醒调节

在某些情况下感知到的需求和处理该需求的应对资源之间差异会导致焦虑的消极情绪状态,这可以部分地通过增加生理唤醒来表达(Hackfort,Schwenkmezger,1993)。我们提出的证据表明:在冷水浸泡前和浸泡期间所遭受的急性焦虑存在负面的生理影响,其表现为心率及呼吸频率的峰值和平均值上升。总的来说,这可能意味着在浸泡过程中所遭受的生理压力增加,并增加了肺中吸水以及淹溺的风险(Barwood等,2012)。为了减轻冷休克的影响,降低这些影响增加的程度显然是有利的。唤醒调节策略专门用于对抗焦虑的生理后果,方法是在第二次冷水浸泡之前(PST之后),向参与者介绍诱导放松技术(渐进式肌肉放松技术)和控制呼吸技术(专注技术)(Barwood等,2006)。在现实生活场景中,考虑到时间限制,这些技术不太可能完全应用到实践中,而且没有发现通过在浸泡前降低预期心率而产生的明显生理后果。然而,参与者仍然认为将其纳入PST技能组合中是有用的。

5.7.3 心理意象

以心理意象形式表现的可视化技术不太可能直接应用到紧急状况中。更确切地说,可以用定制的方式,通过生存训练和/或采用PST,实现对程序进行时间模式的心理演练;在研究冷水浸泡时屏气能力的实验中,将其用于PST。例如,接受足够频繁的生存模拟训练,使个体在事故中能够完全回忆逃生过程并完成直升机水下逃生,从实践和经济的角度都是不可行的,也不可能成为一项法定要求。因此,采用心理回忆以及将事件顺序(包括从迫降倒扣的直升机上成功逃生)可视化作为辅助技能也许会起到一定的作用,飞行前和飞行中的安全教学视频明确提供了支持该技术的重要信息。此外,最初实验的参与者指出,第一次浸泡之后,冷水导致反应能力丧失比预期要严重得多。因此,他们对即将到来的第二次浸泡感到更加担忧。所以,必须想象自己以另一种更成功的方式进行第二次屏气浸泡(PST之后)。在这些实验的背景下,可视化和心理意象被用来将PST后实施的新过程整合成一个清晰的行动计划,并在随后的浸泡中依次展开。参与者习惯于看到自己的成功表现,从而减少了与浸泡相关的忧虑(焦虑),并提高了自信心。

5.7.4 积极的自我暗示

我们只能推测,当个体处于危及生命的环境中,如直升机水上迫降,会经历与身体感觉相结合的消极认知。众所周知,浸泡在冷水中的参与者通常会体验到与事件相关的消极认知。例如,当浸泡在11℃水中时,参与者述说:真是"太冷了",觉得"我再也憋不住气了"(Barwood等,2006)。在运动场上,消极认知和关键任务线索的分心有关,与认知焦虑同义,躯体状态焦虑等同于生理唤醒的冗余增长(Conroy,Metzler,2004)。因此,不必要的消极想法有可能降低自信心,增加任务表现不佳的可能性。积极的自我暗示内容是针对冷水浸泡需求而量身打造的,旨在引导参与者找到与任务关联的线索,从而触发PST技术的应用。例如,参与者认为水到达躯干的时间点是需求的峰值,并专注于"熬过最初的浸泡休克来保持屏气"(Barwood等,2006)。在第二次冷水浸泡之前,要求参与者识别第一次冷水浸泡中所经历的消极认知,并认识到这些经历的后果。随后,他们产生了积极的自我暗示来取代消极认知,并引导自己启用相关流程,以便在最终的冷水浸泡中成功屏气。这部分干预措施旨在完善PST技能组合中关于目标设定部分的内容,图5.1总结了这些组成部分。

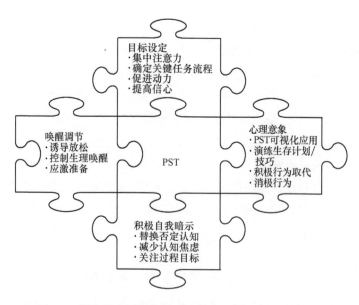

图5.1 浸泡前和浸泡期间PST构成及其基本原理的总结

5.8 冷水浸泡中心理技能训练有效性的实验证据

在采用 PST 完成每项研究之后(Barwood 等,2006,2007),要求参与者在冷水浸泡前和浸泡中使用 11 点李克特量表(Likert scale)对技能组合中每个组成部分进行评分;评分范围从 0(根本没用)到 10(非常有用)。PST 技能组合中每个组成部分的评分没有明显差异证实了集体使用的有效性;所有技能的李克特量表评分在 6~9 之间。PST 在浸泡中的评分(8/10)高于浸泡前的评分(7/10),浸泡中积极的自我暗示得到了最高评分(9/10;Barwood 等,2006),评分最低的是浸泡前使用心理意象(6/10)。总体而言,所有技能的评分均为中等(5/10)以上。

5.9 其他心理准备方法

PST 是一种心理准备方法,已被证实在运动领域、实验室冷水环境应激训练(Barwood 等,2006,2007)和高温环境中运动(Barwood 等,2008)是有效的。这并不排除心理准备策略的其他方法。例如,压力免疫训练(SIT)是另一种认知行为疗法,主要针对特定事件相关的认知压力管理(Meichenbaum,1996)。

SIT 用于帮助个体处理愤怒(Levendusky,Pankratz,1975)、慢性或实验性疼痛(Ross,Berger,1996),并帮助处于日常压力下的职业群体(Sarason,Johnson,Berberich,Siegel,1979)。与 PST 类似,SIT 是分阶段进行的,包括教育、技能演练、特定情况下的应用以及正向思考(Meichenbaum,1996)。同时还包括克服特定应激源或情况的动机、唤醒调节策略、心理意象(主要用于演练)和自我指导训练,用类似于自我暗示的积极和指导性短语取代消极认知。SIT 的理论基础比 PST 更为完善,其理论基础:条件反应是在与特定刺激相关的习得预期的基础上自行激活的,而不是自动诱发的行为(Bandura,1977)。认为 SIT 有助于个体对不良事件的发生做出反应,并在训练后替代对该刺激的适应性反应。PST 和 SIT 的目标都是对给定应激源的初始消极行为进行认知重塑,从而形成一种可控、积极且有针对性的情境反应。其基本思想:认知事件是指有意识和可识别的思想和图像,当不良事件发生时,这些事件便形成了一种内部对话。PST 和 SIT 都旨在改变这种对话,从而影响个体对特定情境的抵抗能力。简而言之,这些训练的目标是提高对应激源行为反应的自觉意识。随着重塑行为重复暴露于应激源可能会强化新的适应性反应的发展。

关于 SIT 有效性的实验证据正在不断进步,并且可以定制 SIT,以帮助应对威胁生命的情境,如直升机水下逃生。在将 SIT 作为唯一治疗方法的研究中,结果证明意象演练和角色扮演能够有效地帮助忍受将非惯用手浸入 2℃ 水中所引起的疼痛(Turk,1975)。参与者将应激情境与自己的意象相结合,成功地运用 SIT 应对技术使浸泡持续时间明显延长。Meichenbaum(1972)在耐受由血压袖带过度膨胀引起的缺血性疼痛的课题中也证实了这些发现,SIT 受试者对疼痛的耐受时间平均延长了 17min。同样,Hackett 和 Horan(1980)也给出了一个类似的实验效应,在接受 SIT 的参与者中,冷加压浸泡任务的耐受时间更长。

SIT 在直升机水下逃生中浸泡时的作用也有据可查。Brooks,Gibbs,Jenkins, McLeod(2007)成功地重塑了一种与军事飞行员的逃生训练有关的初始不适应行为,以及由此产生的急性焦虑体验。这名飞行员在之前的一次军事训练中患上浸泡恐惧症,且被困在水下。在直升机水下逃生时发生的水下浸泡和被困至少是暂时性的。Brooks 等(2007)的目标是采用脱敏课程对飞行员进行治疗,将其逐步暴露于不同难度等级的浸泡场景,从简单的垂直浸没到颈部,到复杂的全机组设备水下倒扣跨舱逃生。这一系列的治疗使飞行员缓解了水中浸泡焦虑,减轻了恐惧症,能继续参加标准 HUET 课程,也使机组人员能够继续训练。Banken,Mahone (1991)将 SIT 用于缓解一名本科生在飞行员训练中的压力,采用的是一种改编版 SIT,而 Brooks 等(2007)将干预与改编版 SIT 结合了起来。Brooks 等(2007)更关注情境的具体组成部分,而没有提供认知策略本身。实验结果证实,接受干预后的飞行员对浸泡情境的认知评价发生了改变。总的来说,PST 或 SIT 都可以用来帮助满足浸泡需求。还需要进行更多的研究来辨别 PST 和 SIT 对危及生命的情境的有效性与适应性。

5.10 冷水习惯化:一种心理生理反应

到目前为止,我们提出的证据表明,冷水浸泡引起的反应可以部分通过心理干预加以改变。也可以反复将个体进行短期冷水浸泡,从而诱发成习惯化,减轻对寒冷的生理反应强度(Golden,Tipton,1988)。习惯化的定义是对相同程度的重复刺激的反应减弱(Zald,2003)。Tipton,Mekjavic,Eglin(2000)证明,冷休克反应习惯化可以通过在 15℃水中重复进行至少 5 次持续 3min 的冷水浸泡来实现。结果表明,反应较第一次浸泡时明显降低了 40%。在初始 5 次浸泡 7 个月后,这种冷休克反应的减弱在统计上仍然很明显。14 个月后进行了进一步测试,但只有冷休克的心脏反应仍然显著降低,呼吸反应已恢复到 14 个月前首次冷水浸泡时的水平。这些反应都与对照组进行了对比,对照组在两次测试之间的数月内没有暴露在冷水中,在前 30s 浸泡时也没有表现出习惯化的迹象。尽管对照组没有反复暴露在水中,然而在最后 150s 冷水浸泡中确实表现出更低的呼吸反应。由此推断,这是一种感知习惯化。冷休克反应所需的浸泡(统计上)从 5 次减少到 4 次(Barwood 等, 2007),从而减少了组织习惯化训练的后勤需求。

从实践的角度来看,连续几天重复进行全身冷水浸泡很容易实施(如使用普通浴缸),通过这种方式减少冷休克反应的效果可以持续一年以上(Tipton 等,2000)。目前尚不清楚,在冷休克反应没有减弱之前习惯化浸泡之间的最长时间间隔,还没有进行任何实验来解答这一实际问题。在何种水温下形成习惯化是一个有争议的问题。例如,有些人认为没有必要在低于 10℃ 的水温下进行习惯化训练,因为除了温度感受器之外,疼痛感受器被激活的可能性也会增加。从伦理上来讲,这是近来大多数工作的温度都不低于 10℃ 的原因。也有一些人认为,下限为 5℃ 是可以接受的(Goode 等,1975)。很明显,通过连续浸泡在 15℃ 水中进行习惯化训练可以显著降低 10℃ 时冷休克反应(Tipton 等,2000),这为在更高水温下(尽管仍然很冷)习惯化训练提供了进一步的理论依据。

5.11 习惯化:一种可能的机制

习惯化作用的机制目前还不是完全清楚,但实验表明,它是中枢神经系统特有的现象,而不是皮肤感知到的温度信息的变化(Tipton, Eglin, Golden, 1998)。在这些实验中,Tipton 等(1998)首先要求所有参与者浸入冷水中(10℃),只暴露身体右侧。将参与者分为习惯化组($n=8$)和对照组($n=7$)。习惯化组再进行 6 次冷水浸泡,只暴露身体左侧,而对照组在最后一次冷水浸泡(仅身体右侧浸水)前没有再进行冷水浸泡。结果表明,对照组的冷休克反应没有变化,而习惯化组的冷休克反应明显较低,与对照组浸泡实验(仅身体右侧)相比,在习惯化组(身体左侧)中对身体右侧也进行了测试。似乎,不管皮肤上的温度信息来自何处,中枢神经系统都会根据当前和以前的冷暴露来调节这些信息并引发冷休克反应。从实践的角度来看,似乎虽然只有一部分皮肤暴露在冷水中,也可以实现一定程度的全身保护,以抵御冷休克反应(反应钝化)。然而,在这一阶段根据暴露在寒冷中的皮肤表面积并不清楚实现习惯化的速度是加快还是降低。很明显,在大约 5 次浸泡后,每次进行额外的浸泡,似乎冷休克反应的钝化进度可能会逐渐减慢(冷休克反应的降低速度不会大大加快),参见 Barwood 等(2007)。

实际上,习惯化可认为是一种纯粹的生理反应,只是作为一种实用的记忆;但习惯化可能包括生理和心理两个方面(Barwood, Corbett, Wagstaff, 2014)。2014 年的一项实验表明,简单地重复温水浸泡(35℃)可以降低第二次冷水浸泡时的冷休克反应(Barwood 等,2014)。这种效应只存在于冷休克反应的呼吸部分。特别是在没有反复冷刺激的情况下,反复经历浸泡情境后每次吸入和呼出的空气量(潮气量)略微降低约 150mL。因此,我们认为这产生了一种感知习惯化效应,减少了冷水浸泡时的生理反应。虽然这种差异相对较小,但可能是至关重要的。考虑对肺部气体运输造成不可逆转损害所需的致命海水体积约为 22mL/kg 时(Modell,

Gaub,Moya,Vestal,Swarz,1966),例如,75kg 个体的致死体积为 1.65L,更是如此。低潮气通气至少会延迟达到这一阈值的时间点,并为浸泡的受害者提供更多的机会保护自己的呼吸道。同样,低通气的时间选择也很重要,因为在第二次冷水浸泡期间潮气量在数值上较低,从试验第 2 分钟开始的统计上看也是如此。冷休克反应在浸泡的最初几分钟可能是最具威胁性的(Tipton,1989),随后呼吸驱动减弱,可以考虑逃生策略。在假设这种生理反应变化的机制时,我们认为,反复体验浸泡情境会减少对浸泡情境所造成威胁的主要或次要评估(Lazarus,Folkman,1984),从而导致较低的生理反应。通过生存模拟训练改善了在紧急情况下的生存前景,可能是一个有益的手段。当然,这项实验不认为温水浸泡所产生的生理习惯化程度可以接近冷水浸泡的程度,它只是强调反复暴露于冷水所带来的某些成效可以归因于一种感知习惯化。与浸泡场景相关的威胁评估(感知习惯化)降低可能已经成为生存训练的一个组成部分。实际上,Tipton 等(2010)指出,尽管只有适中的温度刺激(水温 29℃),但直升机水下逃生训练的心率反应在 5 轮"运行"(模拟)后低于两轮模拟后的心率反应,这本身就不太可能诱发冷休克反应。

5.12　习惯化和心理技能训练的综合效应:协同效应

鉴于反复冷水暴露会导致冷休克反应的生理相关性降低(Golden,Tipton,1988),研究 PST 习惯化对浸入水中的个体屏气能力的辅助效应是合乎逻辑的(Barwood 等,2007)。在这项实验中,参与者首先接受初始冷水浸泡,在此期间需要屏住呼吸。然后将他们配对并分配成人数相等的两组($n=10$),两组都经历了重复的冷水浸泡(12℃,不同日期),但未进行足够的屏气练习来减缓冷休克反应(5 次浸泡)。此外,其中一组还接受了类似于先前使用的 PST 干预(Barwood 等,2006)。其结果是,与第一次浸泡相比,浸泡时的屏气时间提高了 120%;接受干预后,该组受训人员的初始屏气时间从 22.4s 显著提高到 49.3s。相比之下,习惯化组的改善在数值上低于另一组,但改善情况显著高于第一次冷水浸泡屏气时的情况。习惯化组只是反复暴露于冷水,结果是从 22.0s 提高到 36.1s(改善了 73%)。很难阻止反复冷水浸泡的参与者发展出自己的心理策略来帮助应对这类情况。然而,这项实验的数据似乎表明,类似于在先前研究中使用的结构化 PST 组合在影响冷休克反应方面的表现优于那些自我构想出来的心理策略。为了方便起见(不同研究进行直接比较是不可行的),如果将两项研究中 3 种不同干预措施后在屏气方面的差异程度汇总起来(Barwood 等,2006,2007;图 5.2),很明显,在不进行干预的情况下(对照组),屏气成绩不太可能有改善,而仅仅习惯化就可以改善 73%。如果将其与包括 PST 的任何一种干预措施(单纯 PST 改善 80%,习惯化与 PST 结合改善 120%)相比较,那么很明显,冷休克反应的心理变化对习惯化训练具有重大的意义,应当尽可能地在生存训练中加以解决。然而,从这些数据中也可以明显看出,与不包括 PST 的干预措施相比,无论是否与习惯化相结合,对 PST 的反应变化都很大(图 5.2)。

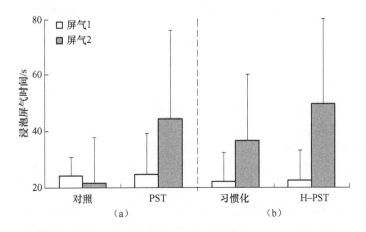

图 5.2 两项独立研究(Barwood 等,2006(a)和 Barwood 等,2007(b))中,无干预(对照)和 PST、习惯化(HAB)以及习惯化与 PST 相结合(H-PST)中屏气时间的改善情况。由于水温略有差异(11℃与12℃),无法对这两项研究进行直接的统计比较

有一项进阶研究采用了 PST,却是在生态学角度下更加有效的条件中进行的。Croft 等(2013)在缺乏经验的游泳者($n=6$)中,将习惯化训练与 PST 相结合,同时结合快速浸泡时踩水;而先前的研究采用了分级浸泡法。研究发现,习惯化与 PST 相结合可以改善对冷休克反应呼吸部分的控制,并可能降低了冷休克时常见的脑血流量减少程度;这种血流量的减少是二氧化碳水平低引起的,而低的二氧化碳水平是冷水浸泡所引起的不可控的过度通气导致的。从实践的角度来看,这项研究证实了 PST 在改善冷水浸泡后的生存前景方面所起的潜在作用。

与 PST 相比,当参与者在冷水浸泡实验条件下完成习惯化训练后产生焦虑时,习惯化明显发生部分逆转。在这项研究中,焦虑的诱因与前面描述的相同(通过对水温的欺骗),并在浸泡时对能自由呼吸的参与者测量冷休克反应的影响。当参与者对即将浸水感到更加焦虑时,冷休克反应的心脏部分恢复到了与习惯化之前相同的水平。也就是说,焦虑的共存抵消了习惯化而引起的心率反应的变化,这是得出习惯化发生逆转结论的依据。对反应的呼吸部分没有影响。我们是最早在全身浸泡过程中证明这种影响的,但不是最早提出焦虑可能对冷水反应有调节效应的。事实上,Glaser,Hall,Whittow(1959)在现场观众面前进行手浸泡实验,从而导致参与者焦虑,证明了冷加压实验的习惯性逆转。得出的结论是,传入的温觉和感觉(情感)信息同时到达中枢神经系统进行整合,可能会干扰先前所看到的习惯化反应。我们进行了讨论,并推断参与这一变化的神经机制是即将发生的冷

(更冷)水浸泡所造成的威胁评估变化触发的,最终导致边缘系统(可能是杏仁核体;Barwood 等,2012)向下丘脑输入更多信息。然而,我们还没有测试这个想法。现在更有兴趣研究习惯化与浸泡焦虑减轻是否一致,因为习惯化过程中冷休克减轻与浸泡焦虑减轻具有相似的时间线,这表明两者之间可能存在联系。

5.13 小结

显然,可以做许多准备工作来应对可能发生的冷水浸泡(图5.3)。假设将这一点延伸到直升机水上迫降和逃生的情境,对于每天都可能面对浸泡风险的群体(如水上作业的渔民、体育迷、飞行员、机组和乘员),这种准备应当包括考虑冷水反应的心理因素和情境习惯化可能带来的好处。准备工作应当包括通过模拟手段进行的特定生存训练,比如,直升机水下逃生训练或学习使用救生装置,用于帮助遇险者生存的紧急水下呼吸系统。还应当开发一套应对工具,以降低对威胁的评估,并改善现有的应对资源。综合考虑这些方面,可能会降低紧急情况下的生理反应,并在环境允许的情况下提高生存机会。另外,还有一点同样显而易见,因为在冷水浸泡时高度焦虑的共存,所以准备程序(如习惯化)会发生逆转。这里有一个合理的假设:在危及生命的情况下,焦虑水平将会提高,并可能会放大所看到的冷休克反应或干扰对先前产生的习惯化。在对冷水和直升机水下逃生训练反应的许多研究中,可以看到个体间反应存在的巨大差异。因此,不能完全依赖对 PST 和

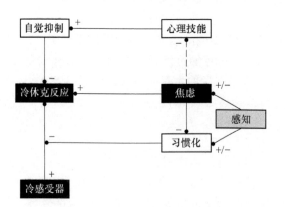

图5.3 心理干预、习惯化、焦虑和感知对冷休克反应程度的影响
注:减号表示一个变量减少对另一个变量的影响,加号表示一个变量增加对另一个变量的影响。白色框表示对反应的正向影响(即反应的幅度减小或对反应的控制得到改善),黑色框表示对反应的负向影响,灰色框表示双向影响,在这种影响下,反应可以通过给定的变量增加或减少;虚线表示所示关系未经实验验证。

习惯化等干预措施的反应。确定对这类干预措施反应最佳和没有反应的群体无疑是有价值的，后者在现实情况中将需要更多的支持。专门调查冷水浸泡心理反应和针对性干预措施效果（如 PST）的研究是最近才出现的，并且取得了不错的结果。需要对这些结果进行更多的研究，以最大限度地提高真实紧急情况下的生存机会。

参考文献

［1］Bandura，A.（1977）. Self-efficacy：toward aunifying theory of behavioral change. *Psycho logical Review*，87，191-215.

［2］Banken，J. A. ，& Mahone，C. H.（1991）. Brief cognitive behavior therapy in an under-graduate pilot student：a case report. *Aviation*，*Space and Environmental Medicine*，62（11），1078-1080.

［3］Barwood. M. J.（2005）. *Psychophysiology of survival：The impact of psychological strategies on the physiological responses to thermal environments*（Doctoral thesis）. Portsmouth：University of Portsmouth.

［4］Barwood，M. J. ，Bates，V. ，Long，G. M. ，& Tipton，M. J.（2011）. "Float First"：trapped air between clothing layers significantly improves buoyancy on water immersion in adults，adolescents and children. *International Journal of Aquatic Research and Education*，5，147-163.

［5］Barwood，M. J. ，Corbett，J. ，Green，R. ，Smith，T. ，Tomlin，P. ，Weir-Blankenstein，L. ，etal.（2012）. Acute anxiety increases the magnitude of the cold shock response before and after habituation. *European Journal of Applied Physiology*，113，681-689.

［6］Barwood，M. J. ，Corbett，J. ，& Wagstaff，C. R. D.（2014）. Habituation of the cold shock response may include a significant perceptual component. *Aviation*，*Space and Environmental Medicine*，85，167-171.

［7］Barwood，M. J. ，Dalzell，J. ，Datta，A. ，Thelwell，R. ，& Tipton，M. J.（2006）. Breath-hold performance during cold water immersion：effects of psychological skills training. *Aviation*，*Space and Environmental Medicine*，7，1136-1142.

［8］Barwood，M. J. ，Datta，A. ，Thelwell，R. C. ，& Tipton，M. J.（2007）. Breath-hold perfor-manc eduring cold water immersion：effects of habituation with psychological training. *Aviation*，*Space and Environmental Medicine*，78，1029-1034.

［9］Barwood，M. J. ，Thelwell，R. C. ，& Tipton，M. J.（2008）. Psychological skills training improves exercise performance in the heat. *Medicine and Science in Sport and Exercise*，40（2），387-396.

［10］Brooks，C. J. ，Gibbs，P. N. ，Jenkins，J. L. ，& McLeod，S.（2007）. Desensitizing a pilot with a phobic response to required helicopter underwater escape training. *Aviation*，*Spaceand Environmental Medicine*，78（6），618-623.

［11］Cheung，S. S. ，D'Eon，N. J. ，& Brooks，C. J.（2001）. Breath-holding ability of offshore workers inadequate to ensure escape from ditched helicopters. *Aviation*，*Space and Environmental*

Medicine, 72, 912-918.
[12] Conroy, D. E., & Metzler, J. N. (2004). Patterns of self-talk associated with different forms of competitive anxiety. *Journal of Sportand Exercise Psychology*, 26, 69-89.
[13] Croft, J. L., Button, C., Hodge, K., Lucas, S. J. E., Barwood, M. J., &Cotter, J. D. (2013). Responses to sudden cold water immersion in inexperienced swimmers following training. *Aviation, Space and Environmental Medicine*, 84, 850-855.
[14] Datta, A., & Tipton, M. J. (2006). Respiratory responses to cold water immersion: neural pathways, interactions, and clinical consequences awake and asleep. *Journal of Physiology*, 100, 2057-2064.
[15] Glaser, E. M., Hall, M. S., &Whittow, G. C. (1959). Habituation to heating and cooling of the same hand. *Journal of Physiology*, 146, 152-164.
[16] Godfrey, S., & Campbell, E. J. M. (1968). Mechanical and chemical control of breath-holding. *Quarterly Journal of Experimental Physiology*, 54, 117-128.
[17] Golden, F. S. C., & Tipton, M. J. (1988). Human adaptation to repeated cold immersions. *Journal of Physiology*, 396, 349-363.
[18] Goode, R. C., Duffin, J., Miller, R., Romet, T. T., Chant, W., & Ackles, A. (1975). Sudden cold-water immersion. *Respiratory Physiology*, 23, 301-310.
[19] Hackett, G., & Horan, J. J. (1980). Stress inoculation for pain: what's really goingon? *Journal of Counseling Psychology*, 27, 107-116.
[20] Hackfort, D., & Schwenkmezger, P. (1993). Anxiety. In R. N. Singer, M. Murphey, &L. K. Tennant(Eds.), *Handbook of research on sports psychology* (pp. 328-364). NewYork: Macmillan.
[21] Keatinge, W. R., & Evans, M. (1961). The respiratory and cardiovascular responses to cold and warm water. *Quarterly Journal of Experimental Physiology and Cognate Medical Sciences*, 46, 83-94.
[22] Lazarus, R. S., & Folkman, S. (1984). *Stress, appraisal, and coping*. New York: Springer Publishing Company.
[23] Leach, J. (1994). *Survival psychology*. London: Macmillan Press Ltd.
[24] Leach, J. (2005). Cognitive paralysis. *Aviation, Space and Environmental Medicine*, 76(2), 134-136.
[25] Levendusky, P., & Pankratz, L. (1975). Self-control techniques as an alternative to pain medication. *Journal of Abnormal Psychology*, 84, 165-169.
[26] Meichenbaum, D. (1972). Cognitive modification of test anxious college students. *Journal of Consulting and Clinical Psychology*, 39, 370-380.
[27] Meichenbaum, D. (1996). Stress inoculation training for coping with stressors. *Clinical Psychology*, 49, 4-7.
[28] Modell, J. H., Gaub, M., Moya, F., Vestal, B., & Swarz, H. (1966). Physiologic effects of near drowning with chlorinated fresh water, distilled water and isotonic saline. *Anaesthesiology*, 27, 33-41.
[29] Ross, M. J., & Berger, R. S. (1996). Effects of stress inoculation training on athletes'

postsurgical pain and rehabilitation after orthopedic injury. *Journal of Consultingand Clinical Psychology*,64(2),406-410.

[30] Sarason,I. ,Johnson,J. ,Berberich,J. ,& Siegel,J. (1979). Helping police officers to cope withstress: a cognitive behavioural approach. *American Journal of Community Psychology*, 7, 593-603.

[31] Thelwell,R. C. ,& Maynard,I. W. (2003). Developing competitive endurance performance using mental skills training. *The Sport Psychologist*,4,377-378.

[32] Tipton,M. J. (1989). The initial responses to cold-water immersion in man. *Clinical Science*,77, 581-588.

[33] Tipton, M. J. (1992). The relationship between maximum breath hold time in air and the hyperventilatory responses in cold water. *European Journal of Applied Physiology*,64,426-429.

[34] Tipton,M. J. (2003). Cold water: sudden death and prolonged survival. *The Lancet*,362,S12-S13.

[35] Tipton, M. J. , Balmi, P. J. , Bramham, E. , Maddern, T. A. , &Elliot, D. H. (1995). Asimple emergency underwater breathing aid for helicopter escape. *Aviation, Space and Envi-ronmental Medicine*,66,206-211.

[36] Tipton,M. J. , Eglin, C. M. ,& Golden, F. S. C. (1998). Habituation of the initial responses to cold water immersion: a central or peripheral mechanism? *Journal of Physiology*, 512, 621-628.

[37] Tipton, M. J. , Franks, C. M. , Sage, B. A. , &Redman, P. J. (1997). A nexamination of two underwater breathing aids for useduring helicopte runderwater escape. *Aviation, Space and Environmental Medicine*,68,907-914.

[38] Tipton, M. J. , Gibbs, P. , Brooks, C. , RoizdeSa, D. , & Reilly, T. J. (2010). ECG during helicopter underwater escape. *Aviation, Space and Environmental Medicine*, 81, 399 - 404. Tipton, M. J. ,Mekjavic, I. B. , & Eglin, C. M. (2000). Permanence of the habituation of the initial responses to cold-water immersion in humans. *European Journal of Applied Physiology*, 83,17-21.

[39] Tipton,M. J. ,& Vincent,M. J. (1989). Protection provided against the initial response to cold immersion provided by a partial coverage wet suit. *Aviation,Space and Environmental Medicine*, 60,769-773.

[40] Turk. D. (1975). *Cognitive control of pain: A skills training approach for the treatment of pain* (Unpublished Masters thesis). Ontario,Canada: University of Waterloo.

[41] Zald, D. H. (2003). The human amygdala and the emotional evaluation of sensory stimuli. *Brain Research. Brain Research Reviews*,41,88-123.

第6章
直升机水下逃生训练中的生理和认知变化

Sarita J. Robinson
(英格兰兰开夏郡普雷斯顿市　中央兰开夏大学心理学院)

6.1　引言

直升机水上迫降不常发生,但是水上飞机失事群体的存活率很低(Brooks, MacDonald, Baker, Shanahan, Haaland, 2014; Cheung, D'eon, Brooks, 2001; Taber, 2014; Taber, McGarr, 2013)。大多数直升机一旦失事,都将迅速下沉,然后机舱内充满水、残骸和燃料(Ryack, Luria, Smith, 1986)。此外,许多直升机撞击水面后变得不稳定,并且会倾覆倒扣,致使固定在座椅上的幸存者倒挂在水下(Taber, McCabe, 2009)。因此,大多数水上直升机失事群体并不是死于坠机损伤而是淹溺,因为他们无法逃离直升机机舱(Brooks, MacDonald, Donati, Taber, 2008)。一旦直升机沉入水中,人们无法逃生的原因是很复杂的。坠机事件对所有人来讲并不熟悉,通常时间紧迫,并且会导致坠机遇险者心理和生理的快速变化。这些因素都会导致明显的认知障碍,进而降低直升机失事的存活率。

训练模拟器可以使人们在安全可控的环境中熟悉紧急程序,长期以来一直在航空领域中应用(Sharkey, McCauley, 1992)。轶事报道和有限的直升机失事幸存者研究都表明,HUET模拟器可以在提高生存率方面发挥关键作用(Cunningham, 1978; Ryack等, 1986)。Hyten(1989)报道,在直升机坠海事故的5名遇险者中有4名幸存者接受过模拟直升机事故训练,而一名遇难者没有接受过训练。

模拟训练提高生存率的确切方式尚不完全清楚。训练可以通过让个体练习使用应急设备来提高生存率,经证实循环式紧急呼吸装置可以提高直升机坠毁事故的个体存活率(Brooks, Muir, Gibbs, 2001; Taber, McCabe, 2009)。如果个体以前没有接受过所供设备的使用训练,那么提供的救生设备几乎没有用处(Taber, 2013)。此外,训练有助于减少直升机水下逃生中常见的问题,例如无法解开安全带或找到和打开出口(Ryack等, 1986)。训练有助于使个体熟悉坠机环境,增强处理紧急情况的信心(Hytten,Jensen,Vaernes,1989;Ryack 等,1986)。然而,需要更详细地研究个体在生理和认知层面上对 HUET 的反应,以便能够更好地理解在现实坠机情形中可能发生的认知障碍,可能影响生存的因素,以及可以加强训练的改进措施。因此,本章将探讨有关 HUET 引起的生理和认知变化,并思考对这些变化的理解,以便熟悉 HUET 课程。

6.2 排斥训练

HUET 是海上作业的标准要求。然而,一些海上工作人员可能没有完全参加训练,存在以下原因:

(1) 不了解参与水上飞行存在的风险,或认为一旦直升机水上坠落将无法生存。事实证明,个体对潜在灾害情况所构成风险缺乏现实的认识,导致不采取应急程序。例如,居住在圣海伦斯火山(Mount St. Helens)附近的居民不了解火山爆发相关的危险,而没有撤离(Greene,Perry,Lindell,1981)。虽然直升机水上失事的存活率并不高,据悉目前的存活率为 68%左右(Taber,2014;Taber,McCabe,2006),但事实已经证明,训练可以提高存活率(Ryack 等,1986)。因此,必须明确直升机水上飞行的潜在风险和 HUET 在提高生存率方面的优势,以敦促个体参加训练。

(2) 采取否认的应对策略来处理对直升机飞行的焦虑。拒绝相信直升机可能坠毁可以起到心理上的保护作用,因为它可以减少与飞行有关的焦虑(Tobin,Holroyd,Reynolds,Wigal,1989)。如果个体不接受直升机坠毁可能性的存在,就不必担心这种可能性。然而,否认也会导致不良的应对方式,因为否认风险的群体可能不会完全投入到像 HUET 这样有益的主动性活动中(Grothmann,Patt,2005)。因此,在 HUET 课程开始时,评估学员对直升机水上迫降可能性的看法非常重要,并确保学员了解安全训练的好处。

(3) 训练可能导致焦虑水平升高。事先患有水恐惧症或封闭空间恐惧症的群体可能会发现 HUET 尤其具有挑战性。如果个体意识到从事某项活动会面临身体伤害的风险,那么很可能无法全身心投入参加该项活动(Lazarus,1966)。因此,训练课程不应当低估焦虑对 HUET 的负面影响。可以采取干预措施降低 HUET 所引起的焦虑。例如,已经证实系统脱敏疗法(恐惧症的一种常见治疗方法)可以减少与 HUET 相关的恐惧性焦虑(Brooks,Gibbs,Jenkins,McLeod,2007)。如果焦虑程度较低,干预措施,如采用基于虚拟现实技术的泳池前预习训练(Reznek,Harter,Krummel,2002)或目标设定和积极的自我暗示等技巧可能会有所帮助(Barwood,Dalzell,Datta,Thelwell,Tipton,2006)。

6.3 生理变化

在人们的日常生活中,大脑不断地扫描环境中的危险迹象(Eilam,Izhar,Mort,2011)。如果环境的某一部分被定义为危险,感觉输入就会传递到大脑中负责处理情绪信息的杏仁核体。相关大脑结构如图 6.1 所示。

当个体面临 HUET 时(图 6.2),对情境的评估将决定他是否将训练定义为威胁(详见第 1、7 章)。

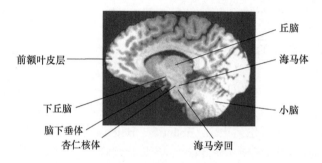

图 6.1　主要大脑结构(图片由 Faye Skelton 博士提供)

图 6.2　英国弗利特伍德航海学院的直升机水下逃生训练设备

对完成 HUET 有信心的学员不太可能将训练视为威胁,因此杏仁核体激活的可能性较小。曾经成功完成过训练的学员(Taber,McGarr,2013),或者已经对水中情况有高度信心的学员(如潜水员),这种经历可能会增强对 HUET 的信心。然而,对于其他人来说,HUET 可能在信息处理的过程中被认为是严重威胁,因此威胁信息将传递给杏仁核体。一旦杏仁核体确认了威胁的存在,下丘脑将触发两个主要的生理系统,这两个系统旨在通过帮助身体应对危险来加强自我保护(Miller,O'Callaghan,2002;Selye,1974)。第一个被激活的系统是交感神经调节通路(SAM),负责短期的战斗或逃跑反应(图6.3)。

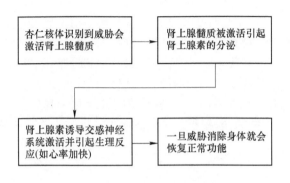

图6.3 交感神经调节通路图解

SAM的行为会导致许多生理变化,帮助身体应对环境威胁。例如,为了应对物理威胁,身体可能需要更多的氧气来刺激"战斗或逃跑"反应。SAM的激活会触发肺部的气道扩张,这样身体就可以吸入更多的氧气。SAM激活引起的肾上腺素水平上升会触发肝脏和暂时性脂肪中存储的葡萄糖释放,从而使身体有更多的能量来应对感知到的危险。为了使增加的氧气和葡萄糖供应能够更快地到达大脑和肌肉,SAM的激活也会导致心跳加快,使血液更快地泵入全身。

在SAM被激活的同时,下丘脑也激活了反应较慢的下丘脑—脑下垂体—肾上腺(HPA)轴。HPA轴旨在对威胁保持更持久的反应(图6.4)。

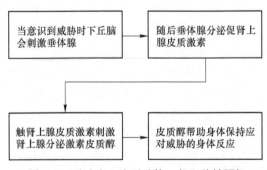

图6.4 下丘脑—脑下垂体—肾上腺轴图解

如果大脑继续发出威胁存在的信号,HPA轴有助于维持持续的应激反应。如果认为威胁仍然存在,下丘脑将分泌促肾上腺皮质激素释放激素(CRH)。CRH进入垂体腺,触发促肾上腺皮质激素(ACTH)的释放。随后,ACTH会导致肾上腺(位于肾脏上方)增加血液中循环皮质醇的水平。皮质醇帮助身体产生对威胁的持续反应所需的资源,如维持高水平的血糖。如果皮质醇水平仍然很高,就会保持适当的应激反应。如果循环中皮质醇水平降低,就会认为已经消除威胁,身体将恢复正常功能。

激活SAM路径和HPA轴可以帮助身体对从HUET感知到的威胁做出反应。然而,相关的神经化学物质变化会对认知过程,如记忆力和注意力产生负面影响。例如,除了战斗或逃跑的反应以外,Leach(2004,2005)指出,在极度紧张的情况下个体可能会患上认知麻痹(也称为冻结,详见第2章)。

SAM路径和HPA轴的激活都会导致某些神经化学物质的波动,并可能导致局部脑血流的改变。例如,暴露于急性应激源可导致脑内儿茶酚胺、神经传导物质和肾上腺素水平的变化(Thomas,Lockwood,Singh,Deuster,1999)。此外,急性应激可显著增加体内循环皮质醇的水平(Dickerson,Kemeny,2004;Robinson,Sünram-Lea,Leach,Owen-Lynch,2008;Sünram-Lea,Owen-Lynch,Robinson,Jones,Hu,2012)。随后皮质醇可以越过血/脑屏障,导致认知障碍(Buss,Wolf,Witt,Hellhammer,2004;Kirschbaum,Wolf,May,Wippich,Hellhammer,1996;Lupien,Gillim,Hauger,1999)。因此,将HUET视为威胁的个体很可能会表现出认知障碍,这是身体对感知到的应激源产生的生理反应造成的。HUET期间产生的认知障碍不仅会影响训练的有效性,而且会增加受伤的风险。下节将概述一些潜在的认知障碍,这些生理应激反应导致的认知障碍不仅会在HUET期间产生,也会在现实的直升机紧急情况中产生。

6.4 直升机水下逃生训练与认知

无论是在现实生活中还是在模拟训练中,直升机坠入水中后成功逃生都需要实施复杂的目标导向行为。对威胁的反应导致生理变化,认知能力会受到损害,进而导致神经化学物质变化。然而,情境因素,如新信息的增加以及可用于在紧急情况下产生有效行为的时间有限,也会影响个体采取有效生存行为的能力(Leach,2004,2005;Robinson等,2008)。此外,在紧急情况下也可能存在其他因素,如身体疲劳,也会导致广泛的认知能力衰退(Lorist,Boksem,Ridderinkhof,2005)。

6.4.1 前额叶皮层

对应激源(如HUET)的生理反应,尤其是与不利的环境压力(如新的刺激因素增加)相结合时的生理反应(Ashcraft,Kirk,2001;Miyake,Shah,1999),经证实会影响大脑中被称为前额叶皮层(PFC;Arnsten,2009)区域的功能。具体而言,儿茶酚胺(Brozoski,Brown,Rosvold,Goldman,1979)、多巴胺和去甲肾上腺素(Arnsten,Goldman-Rakic,1998;Banderet,Lieberman,1989;Dollins,Krock,Storm,Wurtman,Lieberman,1995)和皮质醇(Qin,Hermans,van Marle,Luo,Fernández,2009)的循环水平增加会影响PFC的功能。

PFC是前额叶的前部,位于大脑的前部。PFC扮演着许多关键角色,主要控制更高层次的思维,如社会治理和决策(Arnsten,2009)。PFC的其中一个关键功能是为工作记忆(WM)提供支持。WM持续对外部世界进行监控,负责操作、抑制及整合信息,使大脑能够引导适当的行为(Funahashi,2001)。

暴露于急性应激性刺激的个体表现出PFC功能障碍,继而对WM的表现产生负面的影响,这一点已经被证实(Leach,Griffith,2008;Porter,Leach,2010)。焦虑水平升高可能会导致WM出现障碍,因为WM需要进行与任务无关的信息加工,如处理忧虑和自我关注等信息。这意味着,对于更合适的任务,可用的WM更少(Darke,1988;Eysenck,Calvo,1992)。HUET期间的WM损伤可能会对训练效果产生影响,可能需要对训练进行特定修改以帮助学员完成训练(有关修改训练帮助难以完成HUET个体的信息详见第7章)。

经证实,前额叶损伤导致的WM损伤会导致组织信息困难(Shimamura,Janowsky,Squire,1990)以及监测事件时间序列困难(Milner,1982)。因此,在HUET期间WM失效可能会导致行动顺序出现问题。例如,课程学员可能无法按照正确的顺序执行使用循环式呼吸器所需的操作。当然,学员可能会在解开安全带之前尝试从直升机窗口逃生。因此,可能需要反复提醒学员执行任务的顺序。

在HUET过程中也观察到了WM损伤导致决策和行为生成方面的问题。如果WM资源不可用,则很难在短时间内处理大量新的信息(Janis,Mann,1977;Pires,2005)。如果WM受限,个体就更会有选择性地处理信息(Lavie,1995)。这可能导致忽视或遗忘重要的信息(Payne,Bettman,Johnson,1993),以及使用要求较低、耗时较少但不太准确的策略(Ozel,2001),进而导致更高的错误概率和更多的错误行为(Ariely,Zakay,2001;Entin,Serfaty,1990)。因此,在HUET期间,课程学员很难确定行动方案,然后生成并执行新的行为(Cowan,1999)。由于WM受损,一部分课程学员可能无法产生任何行为反应,因此可能会出现冻结行为(Leach,2004,2005)或产生不适当的反应行为(Leach,1994)。为了帮助学员在HUET中进行决策和行为建构,课程教员应当提供清晰简明的操作指南。此外,课程教员应当在完成HUET课程之前为新的复杂程序留出时间进行数次练习。例如,在HUET之前对循环式紧急呼吸装置的使用进行额外的训练,可以提高逃生时设备的使用能力(Taber,Kozey,McCabe,2012)。

另一个可能因HUET而受损的WM关键功能是抑制控制。抑制控制是指WM筛选出不相关信息的能力,以确保WM的内容仅限于与所执行任务相关的信息

（Rosen，Engle，1998）。暴露于应激源会导致抑制控制失败（Hartley，Adams，1974），并且在接受 HUET 的个体中已经观察到抑制控制受损的情况。在英国弗利特伍德航海学院的 HUET 期间，学员试图把座椅安全带当作汽车安全带进行释放，发生了未能解开安全带的情形。某些学员似乎无法抑制与解开汽车安全带相关的自主性动作，因此反复按压座椅侧面，而不是按压腹部中间的释放机构。Robinson，Leach，Walsh（2009）也观察到了 HUET 中有人出现抑制控制失败的情况。这项研究要求学员在逃生后立即完成 Stroop 任务。在 Stroop 任务中，学员会看到一些用不同颜色墨水书写的颜色名称（如红色、蓝色或绿色）。然后，要求学员忽略颜色名称而是说出墨水的颜色。例如，如果单词"红色"是用绿色墨水写的，学员应当回答"绿色"。通过这种方式，要求学员抑制其阅读单词的习惯性倾向，而是说出墨水的颜色。Robinson 等（2009）发现，在 HUET 期间，学员在逃生后立即表现出明显的 Stroop 障碍，表明抑制控制能力受损。

此外，直升机门窗设计缺乏标准化（Brooks，Bohemier，1997）也可能导致抑制控制出现问题。课程学员通常可能熟悉一种直升机门窗的布局，因此可能无法抑制与其最常使用的门窗相关的自主性动作（Taber，2014）。无法抑制自动开门动作可能导致逃生延迟或失败。Brooks，Miller，Morton，Baranski（1999）提出了通用门窗抛放机构，在被所有直升机制造商采用之前，抑制控制出现了问题很可能导致逃生失败。在采用通用抛放机构之前，学员应有机会在配置所乘直升机最常见门窗机构的模拟器上进行 HUET（Taber，2014；Wells，2010）。

总的来说，需要注意，如果要减少在认知受到威胁时生理反应的负面影响，最有效方法之一是减少对特别敏感的认知领域的需求。已经证实，如果在受到威胁时 WM 已经受损（Robinson 等，2008，2009），那么任何能够在直升机紧急情况下减少对 WM 需求的训练都可能有助于生存。因此，HUET 课程可以通过两个关键方法帮助提高生存率：

一是训练可以通过编码程序记忆来减轻 WM 的负担，程序记忆可以在紧急情况下触发并在不需要 WM 参与的情况下回忆起来。程序运动记忆被编码到位于小脑中的长期记忆库中（Nezafat，Shadmehr，Holcomb，2001；图6-1），并在紧急情况下自动触发。例如，学习如何自动使用循环式紧急呼吸装置意味着，在直升机坠毁时大脑可以根据来自前额叶皮层（WM 所在位置）的最低输入量去执行有效的行动。因此，应该重复进行 HUET，直至学员有足够的练习来建立一次下意识就能成功完成水下逃生所需要的运动记忆。此外，训练应当尽可能地接近现实情境。Taber&McGarr（2013）指出，目前 EBS 相关训练只开展了在飞机倒扣前的水上部署练习，而并未开展倒扣后的水下部署练习。这意味着，在实际直升机水上迫降过程中，个体将不得不利用其有限的 WM 来创建水下部署 EBS 所需要的行为。在水上迫降时，有限的 WM 可能导致无法生成部署 EBS 所需要的行为，或正在执行错误但类似的行为（Leach，2004，2005）。因此，训练方案必须与最可能发生的紧急情境相匹配,允许过度学习成功水下逃生所需要的 HUET 方案。此外,有人建议,在巩固一段时间后,应当对所学 HUET 内容的保持效果进行测试,并应经常进行 HUET 以确保记住应急预案(Taber,McGarr,2013)。

二是帮助个体提高在事故中能够生存的自信心(Taber,McGarr,2013)。如果训练提高了个体的自信程度,那么在面对现实生活中的紧迫事件时,生理反应以及相关的焦虑和认知障碍可能不会那么明显(Deladisma 等,2009)。因此,接受 HUET 课程的所有学员在离开时都应有一个自信但现实的观点,即自己具有成功逃生的能力,这一点至关重要。

6.4.2 海马体

当身体受到威胁时,海马体会受到生理变化的不利影响。事实上,海马体在陈述性记忆的编码和存储中起着重要作用(Scoville,Milner,1957),海马旁回对长期空间记忆尤为重要(Maguire,Frackowiak,Frith,1997)。陈述性记忆是基于知识的信息,如我们回忆不同国家首都城市名称的能力。尽管 HUET 的目标是训练程序记忆(无意识地回忆运动技能),如如何自动部署紧急呼吸系统,但接受 HUET 的个体需要能够访问陈述性记忆来保存和回忆在技能习得过程中的基本操作指南。

在受到威胁的过程中,激素皮质醇的增加可能是陈述性记忆失效的原因之一(Buss 等,2004;De Quervain,Roozendall,Nitsch,McGaugh,Hock,2000;Kirschbaum 等,1996;Lupien,Gillim,Hauger,1999;Lupien,McEwen,1997;Newcomer 等,1999;Tops,van der Pompe,Wijers,2004),而大幅度升高的皮质醇会造成更严重的陈述性记忆障碍(Wolf,Schommer,Hellhammer,Reischies,Kirschbaum,2002)。通常情况下,皮质醇水平越高,对 HUET 相关的反应就越消极,而接受训练时焦虑程度更高的学员很可能表现出陈述性记忆障碍。

在接受 HUET 的个体中出现了陈述性记忆编码障碍(Robinson 等,2008),因此教员会发现需要更频繁地提醒 HUET 课程学员,促使其完成正在学习的紧急程序。此外,对于在训练过程中焦虑水平较高者来说,可能需要更多的训练时间和付出更大的努力。因此,如果将焦虑水平保持在最低限度,HUET 期间的学习就可能更加有效。教员可能也会发现,进行一定程度的过度学习(即使应急反应似乎已成功编码,但也要重复训练),以确保这些记忆可供以后回忆。进一步的策略,如使用助记符号,可以支持记忆过程,从而促进学习。例如,弗利特伍德航海学院的教员们成功地使用了助记符号 S. H. I. T. (尖物、机盖、充气、触地)来提高对坠机安全预演的记忆(个人通信,Joe Bottomley,弗利特伍德航海学院海上作业负责人,2013)。

6.4.3 对威胁反应的个体差异

虽然对威胁的生理反应很常见,但在个体中观察到的确切反应取决于个体差异。例如,对接受军事生存训练的士兵的神经肽Y(NPY)进行的研究表明,NPY水平较高的士兵在暴露于无法控制的急性应激源后表现出更好的行为反应和更少的痛苦(Morgan 等,2000)。此外,雄性类固醇激素脱氢表雄酮(DHEA)也被证实是衡量个体应激暴露的承受能力的一个重要因素。研究表明,DHEA 与糖皮质激素类(如皮质醇)之间的比例,似乎是影响个体应激暴露的承受能力和认知功能障碍程度的一个重要因素。DHEA 和皮质醇之间的较高比率似乎能够缓冲应激的破坏性影响,并降低生存环境中个体出现认知缺陷的可能性(Morgan 等,2004)。这里提出了一个有趣的问题,即有些人是否可能有遗传倾向,能够更好地应对威胁时的不良反应。另外,社会心理因素,如社会支持或情绪状态,可能介导应激反应,从而影响个体对应激的心理反应。

6.5 对直升机水下逃生训练生理反应的介质

在 HUET 期间,似乎焦虑水平越高引发的生理反应越大,进而使更多的神经化学物质变化,从而导致更明显的认知障碍(Robinson 等,2008)。因此,大脑对 HUET 的评估是决定应对这种情况所做出的生理反应的关键。如果焦虑水平能够保持在最低限度,就有可能阻止某些认知障碍的发生,许多因素可作为减少对 HUET 的消极生理和心理反应的有效干预措施。

6.5.1 社会支持

已经证实,社会支持对我们如何应对威胁具有强大的影响力(Cohen, Wills, 1985)。研究发现,在人们的日常生活中,有配偶、朋友和家庭成员能够提供心理和物质资源的个体,其身心健康状况更好(Barth, Schneider, von Känel, 2010; Pinquart, Duberstein, 2010)。社会支持可以分为两种主要形式:一是非正式的社会支持,指家庭和朋友的个人网络,可以在实际和情感方面提供帮助;二是正式的社会支持,指从社会和社区结构中获得有偿专业人员的支持,如医生和教师。

有一种理论认为,社会支持对焦虑具有有益的影响,因为它起到了"缓冲"作用,以保护个体免受负面事件的影响(Cohen, Wills, 1985)。社会支持在帮助人们应对现实世界中的应激源方面的重要性常常在遭受创伤后显现出来。例如,Ren, Skinner, Lee, Kazis(1999)发现,社会支持网络较好的个体在遭受创伤事件(如机动车事故或人身攻击)12个月后出现更好的结果。在暴露于应激环境时,社会支持似乎能够帮助个体将应激源评估为具有较小的威胁性,生理反应(如血压升高)就不那么明显(Roy,Steptoe,Kirschbaum,1998)。例如,当有朋友在场时,公开演讲者所感受到的压力较小,皮质醇反应也较低(Heinrichs Baumgartner, Kirschbaum, Ehlert,2003;Kirschbaum等,1995)。其他研究也发现,在暴露于心理应激源时(如模拟工作面试或讨论有争议的话题),有一个朋友在场会有好处,社会支持会降低心血管反应(Gerin, Pieper, Levy, Pickering, 1992; Kamarck, Manuck, Jennings, 1990)。社会支持的缓冲作用可以通过帮助人们从更积极的角度来解读应激事件(Uchino,2006)或让人们有信心应对不利处境(Gottlieb,Bergen,2010)来实现。因此,如果学员对HUET感到焦虑,那么教员应当鼓励学员和朋友或同事一起参加训练。如果这样无法实现,教员可能需要充当正式的社会支持网络角色,并提供额外的帮助和鼓励训练课程比较吃力的学员。

有趣的是,在暴露于应激源时,社会支持对个体的积极影响不仅仅体现在有朋友或家人在场的情况下。研究表明,即使朋友没有直接在场,社会支持水平也会影响个体对日常琐事的应激反应(Gottlieb, Bergen, 2010)。Robinson, Leach, Bridges(2010)研究了社会支持对HUET的积极影响,表示支持这一发现。如果参加HUET课程的学员在家庭生活中得到的社会支持水平越高,训练前的皮质醇水平和主观焦虑程度就越低。因此,除了在训练期间提供社会支持以外,学员的日常社会支持水平可能也很重要。如果学员最近经历过丧亲之痛或正在离婚,或处于社会支持网络受损的其他情况下,应当考虑推迟进行HUET。

6.5.2　情绪状态

事实证明,情绪状态同样对个体在高应激环境下的表现存在影响。例如,情绪低落(有一系列抑郁症状,但不一定在临床水平上诊断为抑郁症)通常会导致认知能力的下降(Cohen,Weingartner,Smallberg,Pickar,Murphy,1982),也会影响个体应对应激环境(Ravindran, Matheson, Griffiths, Merali, Anisman, 2002)。例如,Ravindran等(2002)指出,抑郁的成年人会有更多的日常应激源,感知到令人振奋事件的数量更少,生活质量更差。

相比之下,积极的人生观对在日常生活(Scheier,Carver,1987)和高应激环境下(Kivimäki等,2005)的人们都具有积极的影响。事实证明,乐观主义(通常生活态度积极)能够影响我们的生理机能。例如,Segerstrom, Taylor, Kemeny, Fahey(1998)发现乐观主义者的免疫功能比悲观主义者更强。Segerstrom等(1998)推断,这是因为乐观主义者在应对应激源的方式上更加积极,因为他们经历的消极情绪更少,并采取了更多的适应性行为。因此,情绪状态和人生观可以很好地调节个体对HUET的解读以及应对应激的能力。情绪低落且悲观厌世的个体更可能觉得

HUET 具有挑战性。改善情绪或增加乐观情绪的干预措施，如 Seligman(2011)"学会乐观"课程，在训练前可能是有效的。在训练当天，鼓励学员积极思考未来(Fosnaugh,Geers,Wellman,2009)可以增强对 HUET 的情境乐观精神，从而提高训练的完成度。

然而，高度乐观和不切实际的高度自信并不总是有益的。如果个体对自己处理紧急情况的能力不切实际地乐观，可能会觉得生存训练并不重要。例如，Weinstein(1987)发现，高度乐观者不太可能减少威胁健康的行为，如吸烟。这样一来，高度乐观的个体可能不会全身心地参加 HUET，因为他们不相信自己有可能遭遇直升机水上失事事件。因此，关键是要找到一个恰当的平衡点，既要让人们相信自己能够完成训练，又要防止人们过度自信而觉得训练是不必要的。

6.5.3 营养状况

暴露于 HUET 等急性应激源的个体的营养状况会影响认知功能障碍发生的程度，包括对体力要求比较高的训练（如 HUET），会导致血糖水平显著降低(Smith,Petruzzello,Chludzinski,Reed,Woods,2001)和脱水加剧(Cian,Koulmann,Barraud Raphel,Jimenez,Melin,2000)，事实证明这两种情况都会损害认知能力(Sünram-Lea 等,2012)。因此，充分的水合作用和良好的血糖水平可以提高认知能力(Smith,Riby,Eekelen,Foster,2011)。此外，皮质醇水平也会由于 HUET 而升高(Robinson 等,2008)。因为释放皮质醇是为了确保身体在受到威胁时有足够的葡萄糖供应，所以血糖水平相对较高的个体不应当出现如此显著的循环皮质醇增加。在这种情况下，如果鼓励参训人员不限制食物摄入量，HUET 可能会更成功。此外，应当鼓励那些看起来特别焦虑的个体在训练前摄入更多的葡萄糖。

在维持血糖水平的同时，课程学员也不应当减少其常用合法兴奋剂的摄入量，如尼古丁和咖啡因。据观察，试图戒烟者进入尼古丁戒断期后，认知能力可能受损(Xu 等,2005)。与之类似，正在戒断咖啡因的个体，其警觉性水平也会下降(Schuh,Griffiths,1997)。此外，事实证明，咖啡因也会对认知产生积极的影响(Jarvis,1993)，甚至在高度紧张的环境中也是如此(Lieberman,Tharion,Shukitt-Hale,Speckman,Tulley,2002)。根据这些观察结果，个体在完成 HUET 之前短期内不要试图戒烟或停止喝含咖啡因的饮料是明智的。此外，在训练前的休息期间吸烟和喝咖啡可能有利于提升学员在 HUET 期间的认知表现。

6.5.4 提高表现的药物增强剂

合法的认知增强剂，如刺激性咖啡因，已经被使用了许多世纪来提高认知表现。近年来,越来越多的非临床人群使用处方药物来改善认知功能。利他林(哌醋甲酯)等用于治疗注意力缺陷障碍的药物通过作用于儿茶酚胺系统来提高WM的表现。其他药物,如阿尔茨海默病患者使用的安理申(多奈哌齐)可以通过提高健康个体大脑中的乙酰胆碱水平来改善记忆力。研究发现,在有压力的情况下使用增强认知药物具有切实的益处。例如,服用多奈哌齐药物30天的商用飞行员比服用安慰剂的飞行员能够更好地在模拟器中处理飞行紧急情况(Yesavage等,2002)。虽然目前还没有研究来检验认知增强剂对HUET或在实际紧急情况下表现的影响,但这是一个很有前途的研究领域。

6.6 直升机水下逃生训练的现实意义

生存训练有时被批评不如实际的生存环境要求高。此外,有人建议,如果在更真实的条件下进行训练,效果会更好(Civil Aviation Authority,2014;Taber,2013,2014;Wells,2010)。例如,有人建议HUET应该在冷水中进行,而不是在更舒适的30℃左右游泳池中进行。在冷水中进行HUET会更加真实,这会让学员体验到像在北海这样的地区进行迫降的残酷现实。然而,在生理和心理上对冷水的不良反应会导致不利于学习的情况(Mäkinen,2007),并可能引起消极的生理反应,如心律失常加重(Tipton,Gibbs,Brooks,Roiz de Sa,Reilly,2010)。HUET的目标不是让个体体验直升机水上失事的全部影响,而是让个体能够掌握从沉没的直升机中逃生所需的技能,以便将来不时之需。因此,通过在冷水中进行训练或更快速且不受控制地下降到泳池来提高HUET的要求对学习是没有好处的。更恶劣的训练环境所引起的消极的生理和心理反应会阻碍学习。因此,HUET课程应该足够真实,使学员能够练习使用紧急救生设备,并建立处理紧急情况的自信心。然而,HUET环境不应该过于恶劣,这样会导致焦虑或增加其他消极反应,从而阻碍学习。有关如何设计有效的HUET环境的信息详见第7章。

6.7 训练后的生理反应

暴露在急性应激的紧急情况下会导致认知能力受损(Porter,Leach,2010;Robinson等,2008;Sünram-Lea等,2012)。然而,急性应激对人类生理和认知的消极影响是短暂的,大多数人在环境应激源消退后1h左右就能够恢复正常功能(Dickerson,Kemeny,2004;Baum,Fleming,Davidson,1983;Robinson,Leach,Owen-Lynch,Sünram-Lea,2013)。然而,在受到来自应激源的直接威胁后,无论是现实生活中的威胁还是模拟的威胁,某些在真实事件中表现出认知完整的个体可能会出现心理和生理崩溃的迹象。例如,医务人员对灾难遇险者的观察发现,幸存者往往在获救后变得消极且易受影响(Baker,Chapman,1962)。在应急安全训练后也观察到这种应激后认知能力下降的现象。参加消防员模拟搜救演习者在训练结束后立即接受测试时,没有表现出认知障碍。然而,当课程学员在训练结束 20min 后接受测试时,表现出明显的认知障碍(Robinson 等,2013)。

在暴露于重大应激源(如 HUET)后表现出的消极行为和认知障碍可能是生理和心理疲惫的结果,因为能量已经耗尽(Dietrich,Sparling,2004;Lorist 等,2005)。在最初的危险过去之后,认知资源的减少可能会使人们在现实生活中变得脆弱,容易受到二次危险的伤害(Robinson 等,2013)。在训练中的学员,特别是将来从事应急救援工作的个体,应该意识到在最初的紧急情况缓解后认知能力存在下降的可能性。HUET 教员应该让学员意识到在 HUET 后可能会出现认知能力下降的情况。因此,教员应当劝阻学员不要从事认知要求很高的任务,如在 HUET 之后立即开车回家。

6.8 建议

在训练开始时,教员应当确保所有学员充分意识到直升机在水上飞行所带来的潜在风险,还应清楚地说明 HUET 对提高坠机存活率的成效。

当然,训练前应当对课程学员的焦虑水平进行评估。对于表现出过度焦虑的个体,应该给予适当的干预,以帮助其降低焦虑水平。在 HUET 期间,较低的焦虑水平有助于更好地促进训练课程的保持率。

HUET 引起的生理反应和相关的心理变化会导致显著的认知障碍,尤其是大脑中由 PFC 和海马体控制的部分。因此,在训练过程中可能会观察到课程学员存在 WM 和陈述性记忆损伤。因此,教员应当做到以下几点。

(1) 定期重复指导,因为学员保持和处理信息的能力可能受损;
(2) 将事故前安全演练等活动的操作指南顺序分解成易于记忆的阶段;
(3) 学员可能会受到抑制控制问题的困扰,这可能会导致一些错误行为,如试图在侧面解开安全带(像汽车安全带),而不是在胸前中间位置。教员应当鼓励学员在开始水下训练之前,多次练习通常完成错误的动作。

在课程中或在家中缺乏社会支持(如丧失亲人或离婚)可能会导致训练中焦虑水平升高。如果学员完成 HUET 感到特别焦虑,则应当尽可能地避免训练,直到家庭生活状况稳定和/或朋友也可以参加训练。如果学员需要进行训练,那么教员应该给予额外的支持和鼓励。

情绪低落或悲观厌世的学员可能认为 HUET 更具挑战性。干预措施,如积极思考训练结果,可以改善情景乐观精神,从而提高训练成功完成的可能性。

训练前,应当为课程学员提供允许吃喝的时间,以使血糖和水分的水平达到最佳状态。

学员应该在训练前有机会抽支烟和喝杯咖啡。低水平的尼古丁会损害吸烟者的认知能力,而咖啡因被证明是一种认知增强剂。

HUET 应当始终具有足够的真实性,使学员能够以"实操"的方式学习从水下直升机逃生所需要的应急程序。然而,训练的真实程度应当合理,因为高度焦虑或消极的生理反应(如冷水反应)会阻碍学习。

参考文献

[1] Ariely, D., & Zakay, D. (2001). A timely account of the role of duration in decision making. *Acta Psychologica*, 108(2), 187–207.

[2] Arnsten, A. F. (2009). Stress signalling pathways that impair prefrontal cortex structure and function. *Nature Reviews Neuroscience*, 10(6), 410–422.

[3] Arnsten, A. F., & Goldman-Rakic, P. S. (1998). Noise stress impairs prefrontal cortical cognitive function in monkeys: evidence for a hyperdopaminergic mechanism. *Archives of General Psychiatry*, 55(4), 362.

[4] Ashcraft, M. H., & Kirk, E. P. (2001). The relationships among working memory, math anxiety, and performance. *Journal of Experimental Psychology: General*, 130(2), 224.

[5] Baker, G. W., & Chapman, D. W. (Eds.). (1962). *Man and society in disaster*. NewYork: Basic Books.

[6] Banderet, L. E., & Lieberman, H. R. (1989). Treatment with tyrosine, a neurotransmitter precursor, reduces environmental stress in humans. *Brain Research Bulletin*, 22(4), 759–762.

[7] Barth, J., Schneider, S., &vonKänel, R. (2010). Lack of social support in the etiology and the prognosis of coronary heart disease: a systematic review and meta-analysis. *Psycho-somatic Medicine*, 72(3), 229–238.

[8] Barwood, M. J., Dalzell, J., Datta, A. K., Thelwell, R. C., & Tipton, M. J. (2006). Breath-hold performance during cold waterimmersion: effects of psychological skill straining. *Aviation, Space, and Environmental Medicine*, 77(11), 1136–1142.

[9] Baum, A., Fleming, R., & Davidson, L. M. (1983). Natural disaster and technological catastrophe. *Environment and Behavior*, 15(3), 333–354.

[10] Brooks, C. J., & Bohemier, A. P. (1997). Helicopter door and window jettison mechanisms for underwater escape: ergonomic confusion! *Aviation Space Environmental Medicine*, 68(9), 844–857.

[11] Brooks, C. J., Gibbs, P. N., Jenkins, J. L., & McLeod, S. (2007). Desensitizing a pilot with a phobic response to required helicopter underwater escape training. *Aviation Space Environmental Medicine*, 78, 618–623.

[12] Brooks, C. J., MacDonald, C. V., Baker, A. P., Shanahan, D. F., &Haaland, W. L. (2014).

Helicopter crashes into waterd—Warning time, final position, and other factors affecting survival. *Aviation, Space, and Environmental Medicine*, 85(4), 440-444.

[13] Brooks, C. J., MacDonald, C. V., Donati, L., & Taber, M. J. (2008). Civilian helicopter accidents into water: analysis of 46 cases, 1979—2006. *Aviation, Space, and Environmental Medicine*, 79(10), 935-940.

[14] Brooks, C. J., Miller, L., Morton, S., & Baranski, J. (1999). Evaluation of a newuniversal jettison mechanism for helicopter underwater escape. *Aviation, Space, and Environmental Medicine*, 70(8), 752-758.

[15] Brooks, C. J., Muir, H. C., & Gibbs, P. N. G. (2001). The basis for the development of a fuselage evacuation time for a ditched helicopter. *Aviation, Space, and Environmental Medicine*, 72(6), 553-561.

[16] Brozoski, T. J., Brown, R. M., Rosvold, H. E., & Goldman, P. S. (1979). Cognitivedeficit caused by regional depletion of dopamine in prefrontal cortex of rhesus monkey. *Science*, 205(4409), 929-993.

[17] Buss, C., Wolf, O. T., Witt, J., & Hellhammer, D. H. (2004). Autobiographic memory impairment following acute cortisol administration. *Psychoneuroendocrinology*, 29(8), 1093-1096.

[18] Cheung, S. S., D'eon, N. J., & Brooks, C. J. (2001). Breath-holding ability of offshore workers inadequate to ensure escape from ditched helicopters. *Aviation, Space, and Environmental Medicine*, 72(10), 912-918.

[19] Cian, C., Koulmann, N., Barraud, P. A., Raphel, C., Jimenez, C., & Melin, B. (2000). Infiuences of variations in body hydration on cognitive f unction: effect of hyper-hydration, heat stress, and exercise-induced dehydration. *Journal of Psychophysiology*, 14(1), 29.

[20] Civil Aviation Authority. (2014). *Safety review of offshore public transpor thelicopter operation sin support of the exploitation of oil and gas CAP* 1145. Accessed from http//www.caa.co.uk/docs/33/CAP%2011-45%20Offshore%20helicopter%20review%20and%20annexes%2024214.pdf.

[21] Cohen, R. M., Weingartner, H., Smallberg, S. A., Pickar, D., & Murphy, D. L. (1982). Effort and cognition in depression. *Archives of General Psychiatry*, 39(5), 593.

[22] Cohen, S., & Wills, T. A. (1985). Stress, social support, and the buffering hypothesis. *Psychological Bulletin*, 98(2), 310.

[23] Cowan, N. (1999). *An embedded-processes model of working memory. Models of working memory: Mechanisms of active maintenance and executive control*, 62-101.

[24] Cunningham, W. F. (1978). Helicopter underwater escape trainer (9D5). In *AGARD Conference Proceedings*, No. 255(*Operational helicopter aviation medicine*) (pp. 66-1-66-3).

[25] Darke, S. (1988). Anxiety and working memory capacity. *Cognition and Emotion*, 2(2), 145-154.

[26] de Quervain, D. J., Roozendaal, B., Nitsch, R. M., McGaugh, J. L., & Hock, C. (2000). Acute cortisone administration impairs retrieval of long-term declarative memory in humans. *Nature: Neuroscience*, 3, 313-314.

[27] Deladisma, A. M., Gupta, M., Kotranza, A., Bittner, J. G., Imam, T., Swinson, D., et al. (2009). A pilot study to integrate an immersive virtual patient with a breast complaint and

breast examination simulator into a surgery clerkship. *The American Journal of Surgery*, 197(1), 102-106.

[28] Dickerson, S. S., & Kemeny, M. E. (2004). Acute stressors and cortisol responses: a theoretical integration and synthesis of laboratory research. *Psychological Bulletin*, 130(3), 355. Dietrich, A., & Sparling, P. B. (2004). Endurance exercise selectively impairs prefrontal-dependent cognition. *Brain and Cognition*, 55(3), 516-524.

[29] Dollins, A. B., Krock, L. P., Storm, W. F., Wurtman, R. J., & Lieberman, H. R. (1995). L-tyrosine ameliorates some effects of lower body negative pressure stress. *Physiological Behaviour*, 57, 223-230.

[30] Eilam, D., Izhar, R., & Mort, J. (2011). Threat detection: behavioral practices in animals and humans. *Neuroscience & Biobehavioral Reviews*, 35(4), 999-1006.

[31] Entin, E. E., & Serfaty, D. (1990). *Information gathering and decision making under stress*. NTIS HC A05. MF A01. Technical Report NumberADA218233.

[32] Eysenck, M. W., & Calvo, M. G. (1992). Anxiety and performance: the processing efficiency theory. *Cognition & Emotion*, 6(6), 409-434.

[33] Fosnaugh, J., Geers, A. L., & Wellman, J. A. (2009). Giving off a rosy glow: the manipulation of an optimistic orientation. *The Journal of Social Psychology*, 149(3), 349-364.

[34] Funahashi, S. (2001). Neuronal mechanisms of executive control by the prefrontal cortex. *Neuroscience Research*, 39, 147-165.

[35] Gerin, W., Pieper, C., Levy, R., & Pickering, T. G. (1992). Social support in social interaction: a moderator of cardiovascular reactivity. *Psychosomatic Medicine*, 54(3), 324-336.

[36] Gottlieb, B. H., & Bergen, A. E. (2010). Social support concepts and measures. *Journal of Psychosomatic Research*, 69(5), 511-520.

[37] Greene, M., Perry, R., & Lindell, M. (1981). The March 1980 eruptions of Mt. St. Helens: citizen perceptions of volcano threat. *Disasters*, 5(1), 49-66.

[38] Grothmann, T., & Patt, A. (2005). Adaptive capacity and human cognition: the processof individual adaptation to climate change. *Global Environmental Change*, 15(3), 199-213.

[39] Hartley, L. R., & Adams, R. G. (1974). Effect of noise on the Stroop test. *Journal of Experimental Psychology*, 102(1), 62.

[40] Heinrichs, M., Baumgartner, T., Kirschbaum, C., & Ehlert, U. (2003). Social support and oxytocin interact to suppress cortisol and subjective responses to psychosocial stress. *Biological Psychiatry*, 54(12), 1389-1398.

[41] Hytten, K. (1989). Helicopter crash in water: effects of simulator escape training. *Acta Psychiatrica Scandinavica*, 80(s355), 73-78.

[42] Hytten, K., Jensen, A., & Vaernes, R. (1989). Effects of underwater escape training: a psychophysiological study. *Aviation, Space, and Environmental Medicine*, 60(5), 460-464.

[43] Janis, I. L., & Mann, L. (1977). *Decisionmaking: A psychological analysis of confiict, choice, and commitment*. New York: Free Press.

[44] Jarvis, M. J. (1993). Does caffeine intake enhance absolute levels of cognitive performance? *Psychopharmacology*, 110(1-2), 45-52.

[45] Kamarck, T. W., Manuck, S. B., & Jennings, J. R. (1990). Social support reduces cardiovascular reactivity to psychological challenge: a laboratory model. *Psychosomatic Medicine*, 52(1), 42-58.

[46] Kirschbaum, C., Prüssner, J. C., Stone, A. A., Federenko, I., Gaab, J., Lintz, D., etal. (1995). Persistent high cortisol responses to repeated psychological stress in a subpopulation of healthy men. *Psychosomatic Medicine*, 57(5), 468-474.

[47] Kirschbaum, C., Wolf, O. T., May, M., Wippich, W., & Hellhammer, D. H. (1996). Stress-and treatment-induced elevations of cortisol levels associated with impaired declarative memory in healthy adults. *Life Sciences*, 58(17), 1475-1483.

[48] Kivimäki, M., Vahtera, J., Elovainio, M., Helenius, H., Singh-Manoux, A., & Pentti, J. (2005). Optimism and pessimism as predictors of change in health after death or onset of severe illness in family. *Health Psychology*, 24(4), 413.

[49] Lavie, N. (1995). Perceptual load as a necessary condition for selective attention. *Journal of Experimental Psychology: Human Perception and Performance*, 21, 451-468.

[50] Lazarus, R. S. (1966). *Psychological stress and the coping process*. New York, NY, US: McGraw-Hi-ll.

[51] Leach, J. (1994). *Survival psychology*. UK: Macmillan Publishing.

[52] Leach, J. (2004). Why people 'freeze' in an emergency: temporal and cognitive constraints on survival responses. *Aviation Space Environmental Medicine*, 75, 539-542.

[53] Leach, J. (2005). Cognitive paralysis in an emergency: the role of the supervisory attentional system. *Aviation Space Environmental Medicine*, 76, 134-136.

[54] Leach, J., & Griffith, R. (2008). Restrictions in working memory capacity during parachuting: a possible cause of 'no pull' fatalities. *Applied Cognitive Psychology*, 22(2), 147-157.

[55] Lieberman, H. R., Tharion, W. J., Shukitt-Hale, B., Speckman, K. L., & Tulley, R. (2002). Effects of caffeine, sleep loss, and stress on cognitive performance and mood during US Navy SEAL training. *Psychopharmacology*, 164(3), 250-261.

[56] Lorist, M. M., Boksem, M. A., & Ridderinkhof, K. R. (2005). Impaired cognitive control and reduced cingulate activity during mental fatigue. *Cognitive Brain Research*, 24(2), 199-205.

[57] Lupien, S. J., & McEwen, B. S. (1997). The acute effects of corticosteroids on cognition: integration of animal and human model studies. *Brain Research Reviews*, 24(1), 1-27.

[58] Lupien, S. J., Gillin, C. J., & Hauger, R. L. (1999). Working memory is more sensitive than declarative memory to the acute effects of corticosteroids: A dose-response study inhumans. *Behavioral Neuroscience*, 113(3), 420.

[59] Maguire, E. A., Frackowiak, R. S., &Frith, C. D. (1997). Recalling routes around London: activation of the right hippocampus in taxi drivers. *The Journal of Neuroscience*, 17(18), 7103-7110.

[60] Mäkinen, T. M. (2007). Human cold exposure, adaptation, and performance in high latitude environments. *American Journal of Human Biology*, 19(2), 155-164.

[61] Miller, D. B., &O' Callaghan, J. P. (2002). Neuroendocrine aspects of the response to stress. *Metabolism*, 51(6), 5-10.

[62] Milner, B. (1982). Some cognitive effects of frontal-lobe lesions in man. *Philosophical Transactions of the Royal Society of London B: Biological Sciences*, 298(1089), 211-226.

[63] Miyake, A., & Shah, P. (Eds.). (1999). *Models of working memory: Mechanisms of active maintenance and executive control*. Cambridge: Cambridge University Press.

[64] Morgan, C. A., III, Wang, S., Southwick, S. M., Rasmusson, A., Hazlett, G., Hauger, R. L., et al. (2000). Plasma neuropeptide-Y concentrations in humans exposed to military survival training. *Biological Psychiatry*, 47(10), 902-909.

[65] Morgan, C. A., Hazlett, G., Doran, A., Garrett, S., Hoyt, G., Thomas, P., et al. (2004). Accuracy of eyewitness memory for persons encountered during exposure to highly intense stress. *International Journal of Law and Psychiatry*, 27(3), 265-279.

[66] Newcomer, J. W., Selke, G., Melson, A. K., Hershey, T., Craft, S., Richards, K., et al. (1999). Decreased memory performance in healthy humans induced by stress-level cortisol treatment. *Archives of General Psychiatry*, 56(6), 527.

[67] Nezafat, R., Shadmehr, R., & Holcomb, H. H. (2001). Long-term adaptation to dynamics of reaching movements: a PET study. *Experimental Brain Research*, 140(1), 66-76.

[68] Ozel, F. (2001). Time pressure and stress as a factor during emergency egress. *Safety Science*, 38(2), 95-107.

[69] Payne, J. W., Bettman, J. R., & Johnson, E. J. (1993). *The adaptive decision maker*. Cambridge: Cambridge UniversityPress.

[70] Pinquart, M., & Duberstein, P. R. (2010). Depression and cancer mortality: a meta-analysis. *Psychological Medicine*, 40(11), 1797.

[71] Pires, T. T. (2005). An approach for modeling human cognitive behavior in evacuation models. *Fire Safety Journal*, 40(2), 177-189.

[72] Porter, H., & Leach, J. (2010). Executive dysfunction in a survival environment. *Applied Cognitive Psychology*, 24(1), 41-66.

[73] Qin, S., Hermans, E. J., van Marle, H. J., Luo, J., & Fernández, G. (2009). Acute psychological stress reduces working memory-related activity in the dorsolateral prefrontal cortex. *Biological Psychiatry*, 66(1), 25-32.

[74] Ravindran, A. V., Matheson, K., Griffiths, J., Merali, Z., & Anisman, H. (2002). Stress, coping, uplifts, and quality of life in subtypes of depression: a conceptual frame and emerging data. *Journal of Affective Disorders*, 71(1), 121-130.

[75] Ren, X. S., Skinner, K., Lee, A., & Kazis, L. (1999). Social support, social selection and self-assessed health status: results from the veterans health study in the United States. *Social Science & Medicine*, 48(12), 1721-1734.

[76] Reznek, M., Harter, P., & Krummel, T. (2002). Virtual reality and simulation: training the future emergency physician. *Academic Emergency Medicine*, 9(1), 78-87.

[77] Robinson, S. J., Leach, J., & Bridges, N. (2010). The role of social support in mediating subjective and physiological responses to an acute naturalistic stressor-helicopter un-derwater evacuationTraining. In *Proceedings of the BPS Psychobiology Section*.

[78] Robinson, S. J., Leach, J., Owen-Lynch, P. J., & Sünram-Lea, S. I. (2013). Stress reactivity and

cognitive performance in asimulated firefighting emergency. *Aviation, Space, and Environmental Medicine*, 84(6), 592-599.

[79] Robinson, S. J., Leach, J., & Walsh, J. (2009). The impact on executive functioning of exposure to an acute naturalistic stressor. In *Proceedings of the BPS Psychobiology Section*. Robinson, S. J., Sünram-Lea, S., Leach, J., & Owen-Lynch, P. J. (2008). The effects of exposure to an acute naturalistic stressor on working memory, state anxiety and salivarycortisol concentration. *International Journal on the Biology of Stress*, 11(2), 115-124.

[80] Rosen, V. M., & Engle, R. W. (1998). Working memory capacity and suppression. *Journal of Memory and Language*, 39(3), 418-436.

[81] Roy, M. P., Steptoe, A., & Kirschbaum, C. (1998). Life events and social support as moderators of individual differences in cardiovascular and cortisol reactivity. *Journal of Personality and Social Psychology*, 75(5), 1273.

[82] Ryack, B. L., Luria, S. M., & Smith, P. F. (1986). Surviving helicopter crashes at sea: a review of studies of underwatere gress from helicopters. *Aviation, Space, and Environ-mental Medicine*, 57, 603-609.

[83] Scheier, M. E., & Carver, C. S. (1987). Dispositional optimism and physical well being: the influence of generalized outcome expectancies on health. *Journal of Personality*, 55(2), 169-210.

[84] Schuh, K. J., & Griffiths, R. R. (1997). Caffeine reinforcement: the role of withdrawal. *Psychopharmacology*, 130(4), 320-326.

[85] Scoville, W. B., & Milner, B. (1957). Loss of recent memory after bilateral hippocampal lesions. *Journal of Neurology, Neurosurgery, and Psychiatry*, 20(1), 11.

[86] Segerstrom, S. C., Taylor, S. E., Kemeny, M. E., & Fahey, J. L. (1998). Optimism is associated with mood, coping, and immune change in response to stress. *Journal of Personality and Social Psychology*, 74(6), 1646.

[87] Seligman, M. E. (2011). *Learned optimism: How to change your mind and your life*. New York: Random House Digital, Inc.

[88] Selye, H. (1974). *Stress without distress*. New York: New American Library.

[89] Sharkey, T. J., & McCauley, M. E. (1992). Does a motion base prevent simulator sickness. In *Proceedings of the AIAA/AHS flight simulation technologies conference* (pp. 21-28).

[90] Shimamura, A. P., Janowsky, J. S., &Squire, L. R. (1990). Memory for the temporal order of events in patients with frontal lobe lesions and amnesic patients. *Neuropsychologia*, 28(8), 803-813.

[91] Smith, D. L., Petruzzello, S. J., Chludzinski, M. A., Reed, J. J., & Woods, J. A. (2001). Effects of strenuous live-fire fighting drills on hematological, blood chemistry and psychological measures. *Journal of Thermal Biology*, 26(4-5), 375-379.

[92] Smith, M. A., Riby, L. M., Eekelen, J. A. M., & Foster, J. K. (2011). Glucose enhancement of humanmemory: a comprehensive research review of theglucose memory facilitation effect. *Neuroscience & Biobehavioral Reviews*, 35(3), 770-783.

[93] Sünram-Lea, S. I., Owen-Lynch, J., Robinson, S. J., Jones, E., & Hu, H. (2012). The effect of

energy drink son cortisollevels, cognition and mood during a fire - fighting exercise. *Psychopharmacology*, 219(1), 83-97.

[94] Taber, M. J. (2013). Crash attenuating seats: effects on helicopter underwater escape performance. *Safety Science*, 57, 179-186.

[95] Taber, M. J. (2014). Simulator fidelity and contextual interference in helicopter underwater egress-training-an analysis of training and retention of egresss kills. *Safety Science*, 62, 271-278.

[96] Taber, M. J., Kozey, J. W., & McCabe, J. (2012). *Investigation of emergency breathing apparatus skill setknowledge transfer between helicopter underwater escap etraining simulators* [Online]. Nova Scotia, Canada: Survival Systems Training Ltd. Accessed from http://www.sstl.com/fiow/uploads/HUEBAabstract.pdf on the20/06/14.

[97] Taber, M. J., & McCabe, J. (2006). Helicopter ditching: time of crash and survivability. *SAFE Journal*, 34(1), 5-10.

[98] Taber, M. J., & McCabe, J. (2009). The effect of emergency breathing systems during helicopter underwater escape training for land force troops. *Safety Science*, 47(8), 1129-1138.

[99] Taber, M. J., & McGarr, G. W. (2013). Confidence in future helicopter underwater egress performance. *Safety Science*, 60, 169-175.

[100] Thomas, J. R., Lockwood, P. A., Singh, A., & Deuster, P. A. (1999). Tyrosine improves working memory in a multitasking environment. *Pharmacology, Biochemistry and Behaviour*, 64(3), 495-500.

[101] Tipton, M. J., Gibbs, P., Brooks, C., Roiz de Sa, D., & Reilly, T. J. (2010). ECG during helicopter underwater escap etraining. *Aviation, Space, and Environmental Medicine*, 81(4), 399-404.

[102] Tobin, D. L., Holroyd, K. A., Reynolds, R. V., & Wigal, J. K. (1989). The hierarchical factor structure of the coping strategies inventory. *Cognitive Therapy and Research*, 13(4), 343-361.

[103] Tops, M., Van Der Pompe, G., Wijers, A. A., Den Boer, J. A., Meijman, T. F., etal. (2004). Free recall of pleasant words from recency positions is especially sensitive to acuteadministration of cortisol. *Psychoneuroendocrinology*, 29(3), 327-338.

[104] Uchino, B. N. (2006). Social support and health: a review of physiological processes potentially underlying links to disease outcomes. *Journal of Behavioral Medicine*, 29(4), 377-387.

[105] Weinstein, N. D. (1987). Unrealistic optimism about susceptibility to health problems: conclusions from a community-wide sample. *Journal of Behavioral Medicine*, 10(5), 481-500.

[106] Wells, R. (2010). *Canada-Newfoundland and Labrador offshore helicopter safety inquiry* (Vol. 1). St. John's, NL: Canada-Newfoundland and Labrador Offshore Petroleum Board.

[107] Wolf, O. T., Schommer, N. C., Hellhammer, D. H., Reischies, F. M., & Kirschbaum, C. (2002). Moderate psychosocial stress appears not to impair recall of words learned 4 weeks priorto stress exposure. *Stress*, 5(1), 59-64.

[108] Xu, J., Mendrek, A., Cohen, M. S., Monterosso, J., Rodriguez, P., Simon, S. L., et al. (2005). Brain activity in cigarette smokers performing a working memory task: effect of

smoking Abstinence. *Biological Psychiatry*, 58(2), 143-150.

[109] Yesavage, J. A., Mumenthaler, M. S., Taylor, J. L., Friedman, L., O'Hara, R., Sheikh, J., et al. (2002). Donepezil and flight simulator performance: effects on retention of complex skills. *Neurology*, 59(1), 123-125.

第7章
逼真度在直升机水下逃生训练中的应用及启示

Michael J. Taber
(加拿大新斯科舍省达特茅斯市　加拿大法尔克安全服务公司)

7.1　引言

本章主要介绍从训练环境到现实环境中,不同类型的逼真度对习得、迁移和保持 HUET 技能的影响。一般来说,逼真度(下面将进一步详细说明)通常用于描述模拟环境与真实世界的相似程度。基于以往的运动技能学习研究(Adams,1987;Anderson,2008;Schmidt,1975,2003;Schmidt,Lee,2011),认为当前训练环境的差异是导致个体无法将低逼真度 HUET 课程所练习的技能恰当地迁移到紧急情况中(水上迫降)的原因(Taber,2014a)。这一观点是基于实际水上迫降事故的轶事证据以及对通用型 UES 和良好训练环境条件的评估而得出的。从高逼真度模拟(HFS)视角来看,本章旨在向 HUET 课程服务商和海上运营商介绍逼真度对个体在沉没倒扣处境中逃生所需要的应对能力产生影响的类型、程度和时机。此外,还介绍了关于如何利用特定身体部位的操作指南,以确定 HFS 在技能习得过程中的重要性。为了帮助读者理解在 HUET 课程中考虑逼真度的重要性,通过介绍几个逃生事件幸存者证词的案例以使信息情境化。

7.2　逼真度的情境化

1992 年,北海"超级美洲狮"直升机(机号 G-TIGH)水上迫降/坠水撞击报告(CAA,1995)是幸存者专门针对 HUET 课程逼真度和真实环境之间差异来描述水上迫降事件的第一个官方记录。1992 年 3 月 14 日,大约 19 点 50 分,一架载有 17 名乘员和机组人员的"超级美洲狮"直升机在飞往一个附近停靠驳船(安全平台)的途中坠入北海(Woolfson,Foster,Beck,1996)。根据幸存者的陈述,直升机在撞击水面后迅速倒扣并沉没,共有11人遇难(5具尸体在水下飞机残骸中找到,6具尸体在水面上找到)。CAA(1995)报告中指出:"尽管水下逃生模拟器与真实的直升机客舱几乎或根本没有相似之处,但两名(幸存者)都认为这些课程很有价值,对其生存起到了帮助"。2009年,在纽芬兰与拉布拉多海岸的S92型直升机迫降事故以及2013年在设得兰群岛海岸的"超级美洲狮"直升机迫降事故中都可以找到类似的幸存者评述。S92型直升机迫降事故中的唯一幸存者在报告中说道:"每隔几年才在泳池中进行几天的受控浸没训练,这不足以使人养成能够在像'美洲狮'491号直升机坠毁事故中逃生的本能反应"(Decker证言)。当问及详细的逃生经历时,幸存者说:"坐在靠里面的座位上,从倒扣的直升机中逃生的机会几乎等于零……必须屏气,等待紧临窗口者首先逃出,才能给你让开通道。逃出者双脚打水。我不知道等待的这个人能不能有机会这么做"(Decker证词)。这位幸存者的评述反映了这样一个事实,即在事故发生前,这种UES训练并没有开展,而且这种技能也没有机会练习。如果水下逃生训练已经包含了与实际直升机上类似的内容,那么可以推测,幸存者的评述可能会有所不同。最后,一名设得兰群岛"超级美洲狮"直升机迫降事故幸存者指出,实际直升机舱口要比训练时更难打开(Knass,2013)。事实上,幸存者说:"我抓住了窗口上的拉环,拉了一下,但它碎了。我用胳膊肘想把窗户推出去,但它一动不动——我用拳头敲打了两三下,它就脱落了(Knass,2013)。"这位幸存者还说出一个事实,那些在水涌进时就解开安全带者都四处漂着。尽管在事故前已成功完成了HUET,但这些个体显然没有遵循最基本的训练要求,即在解开安全带之前要确保有一个物理参考点。

尽管这些评述表明模拟训练和实际环境之间缺乏相似性,但有些迫降幸存者对过去训练的描述是令人鼓舞的。例如,一位军方迫降事故幸存者证实:"训练是如此真实,为了证明所学技能的价值,就必须在真实情境中生存下来"。尽管在本质上有点泛化,但许多人指出,HUET训练过程对其生存极为有益(Ryack,Luria,Smith,1986);毫无疑问,如果没有参加训练,其中有些人可能无法存活。有些文献报告也强调了训练和生存之间的联系,Cunningham(1978)清楚地表明,完成HUET的个体存活率(91.5%)与没有完成HUET的个体存活率(66%)存在显著差异。

鉴于幸存者讲述的各种细节以及事故报告记录的有关HUET课程逼真度等级的信息,在训练中应重点考虑以下内容:模拟类型、训练时机和逼真度等级,以确保纳入HFS训练有益于在实际水上迫降或坠水撞击事故中应用逃生技能。根据对训练环境的调查,CAA(2014)指出,在技能习得过程中,对于真实训练条件的需求是很明显的。Wells委员(2010年)也对此表示赞同,并在公共调查报告的第13条建议中将其描述为"更逼真"和"更真实"。遗憾的是,对于HFS应该达到何种程度,或者这种"真实"环境应该是何种模样,并没有明确的界定。如果没有一个程式化过程来实现明确定义的目标,HUET课程服务商就可以根据需要自由地定义HFS训练的程度。

7.3 模拟训练环境的应用

人们已经注意到,在训练中采用模拟环境的主要目标是降低成本、提高安全性和增强训练场景类型的灵活性(Simmons,Lees,Kimball,1978)。从安全的角度来看,采用模拟环境是极具价值的,因为它为个体提供了检验和练习技能的机会,否则在真实环境中就太危险了。这一点对于学习从倒扣灌水直升机中(可能沉没)逃生所需的技能来说尤其如此(Taber,McGarr,2013)。与其他技能训练环境不同(如学习执行无生命危险的任务),在现实世界中,不存在"安全"方法来训练水下逃生;因此,模拟训练环境是比较理想的选择。

遗憾的是,HUET技能习得的模拟水平和类型还没有被量化。作为训练环境差异性例子,Taber(2014a)指出,根据谷歌搜索的信息:"至少有33种不同类型的模拟器被用来训练个体如何从倒扣的飞机中逃生。"模拟标准的这种差异性使不同水平的技能训练无法实现标准化,同时也限制了资格评估的能力。此外,不同的训练环境不一定能提高技能练习的水平。例如,许多训练机构在入门和进阶课程中教授相同的基本逃生技能(不考虑逼真度水平)。目前,海上从业者无法完成"进阶版"水下逃生课程,因为这种课程中的逃生任务复杂程度更高(如微光条件或需越过一排座椅并等待他人才能逃生)。如果不能学习一套新(更高级)的相关技能,就无法提高个体对不同环境下所需完成任务的理解。

由于没有提升的机会,可以认为,如果模拟环境中的逼真度水平限制了HUET资格的评估(无法完成过道或跨舱逃生——"美洲狮"491号直升机幸存者证词),有些个体可能无法获取实际水上迫降事故中所需的实践经验。这些与模拟环境相关的限制条件自然会导致一个问题:国际训练供应商和运营商如何对海上管辖区之间的HUET认证进行认可。如果运送个体往返海上设施的直升机需要特定的逃生或疏散作业,那么这就成为特殊问题。如果无法明确对习得HUET技能最有利的逼真度类型和等级,那么国际标准将依然含糊不清,且存在不同的解读。

7.4 部分任务训练与完整任务训练

Taber,McGarr(2013)指出,在考虑个体如何建立复杂任务(如紧急呼吸系统的使用;第8章)表现的心理模型时,完整任务(全任务序列)演示是非常重要的。鉴于逃生任务的复杂性,学员在第一次HUET课程中的水下逃生技能表现清楚地表明存在学习效果,这并不令人惊讶。研究表明,随着学员在UES中进行后续的逃生演练(每轮训练),其表现会逐渐得到改善(Kozey,McCabe,Jenkins,2007;Taber,

Kozey，McCabe，2012；Taber，McGarr，2013）。根据从加拿大和美国收集的，HUET成绩数据（未公布数据），需要注意的是，与获得资格认证前的最后一次训练相比，第一次在水下打开推出式模拟舱门的失败率约高出3倍。尽管每轮训练的难度在逐渐增加，但错误的次数还是减少了（第2章）。似乎随着学员在水下打开舱门的经验增加，失败的次数就会减少。Kozey等（2007）明确指出，在水下练习打开舱门所需要的技能组合（即更高逼真度）可以显著提高6个月后执行相同任务的能力。同样，Taber等（2012）发现，在UES中使用压缩空气呼吸系统进行最多次数练习（8次对0次）的个体，在技能保持测试（30天后）中需要HUET教员/专家评估员的协助最少。这项研究表明，完整任务演示是非常必要的，这样才能确保个体已经获得所需的技能，能够将部分任务整合成一个复杂的完整任务，并在短期记忆之后仍然保留程序记忆（Lim，Reiser，Olina，2009）。

7.5　物理/功能/认知模拟逼真度

本节讨论了HUET课程中最重要的逼真度类型。从历史上看，在训练中采用HFS并不是一个新话题。例如，关于在学习环境中包含现实层面的讨论或概念化可以追溯到亚里士多德的著作（见Hays，Singer，1989，学习理论的详细综述）。从这些早期的学习理论开始，航空、海事、运输和医学等领域对"逼真度"一词给出了各种定义（Bradley，2006）。Hays（1981）写道："训练模拟器的逼真度是模拟器和被模拟设备之间的相似程度"。基于这一特别定义，人们提出了不同类型的逼真度，如心理/认知逼真度、物理逼真度、功能逼真度、任务逼真度和操作逼真度（Thomas，2003）。每种类型逼真度之间的主要差异反映了特定领域对真实性的具体要求。例如，Hays（1981）通过讨论训练效果来确定物理特征和功能特征之间的区别。在HUET课程中，物理逼真度是指整个训练环境的各个方面影响因素（环境影响，如风、浪、雨和照明条件；UES影响，如下降速度、滚转速度、座椅配置、安全带设计、座椅设计、出口位置和类型——仅提其中几个方面）。另外，功能逼真度是指出口（如打开或旋转把手所需要的力）或座椅安全带（如旋转方向或打开释放机构所需的力）操作程序的各个方面影响因素。

根据下面的信息，显然需要从整体框架上考虑物理逼真度和功能逼真度的影响。在开发为应对直升机水上迫降或坠水撞击而设计的训练课程（见第2章）时，这一点尤其重要。很明显，区分物理逼真度、功能逼真度和其他类型逼真度之间的差异对于恰当把握模拟的真实感程度的全面理解是至关重要的。错误的逼真度组合可能导致风险暴露的增加（过度紧张和/或焦虑）或在面对实际事件时缺乏准备。

7.5.1 物理逼真度

物理逼真度的概念是在将运动技能知识从模拟环境迁移到现实环境中,强调不同程度的真实感的影响,这一概念是由 Thorndike,Woodworth(1901)首先提出的。近年来,Hochmitz,Yuviler-Gavish(2011)将物理逼真度描述为"模拟环境复现现实环境的外观、声音和感觉的程度"。这一定义表明,随着模拟环境在视觉、触觉和听觉上与现实环境的相似度增加,物理逼真度也随之增加。此外,还建议在评估逼真度时,不仅要考虑评估对象的功能性,还应当考虑整体因素。

对于 HUET 课程,术语"物理逼真度"并不意味着仅仅包括个体周围附近的环境。更确切地说,除了个体附近的物品以外,物理逼真度还包括整个实践训练的各个模拟因素(如下降速度、冲击力大小、翻转速度、照明、风/浪、其他逃生者数量、适用的辅助生存设备,以及逃生后的生存技能要求)。将真实事件中已知存在的所有因素都考虑在内,以确保整个模拟(不仅仅是逃生模拟器)的设计能够更好地帮助个体做好准备(Taber,2014b)。

在最初习得技能的过程中,与低逼真度相关的主要限制因素之一是,为特定情境创建的心理图式依赖于在未来某一天启动任务序列所需要的环境线索。例如,如果模拟环境与真实事件中预期环境(如出口类型/功能、与座椅的距离、座椅类型与功能、座椅与出口的配置、逃生模拟器的翻转特性)有很大不同,那么在训练过程中习得的技能可能不足以帮助个体从实际迫降事故中逃生。在训练中逃生成功并不总是能确保在真实事件中取得逃生成功。因此,确保个体能在安全的高物理逼真度环境中学习技能是极其重要的(Hays,Jacobs,Prince,Salas,1992;Taber,2014a;Taber,McGarr,2013)。

图 7.1 展示的 HUET 模拟器是目前已知最高物理逼真度水平的一个代表,从图中可以看出,HFS 和实际飞机之间的差距极小。基于几乎精确的相似度,技能从一个环境迁移到另一个环境应该只需要最少的认知资源,而不需要将训练知识外推到一个时间有限的新情境(即水上迫降)下进行判断。

7.5.1.1 物理逼真度指导

鉴于确保最佳技能习得与保持所需的物理逼真度水平的相关信息非常有限,因此,国际公认的 HUET 课程在训练中采用不同的真实度就不足为奇了。对"水下直升机逃生图片"有限的谷歌搜索显示(Taber,2010,2014a),已经创建了多个新设备,并可能在没有官方指导文件的情况下继续创建新设备。遗憾的是,由于没有具体的法规或行业运营商议定的最低标准,模拟器的逼真度仍然很宽泛,从固定在 PVC 框架上的塑料椅子到与飞机完全相似的全尺寸 UES。通用模拟器可以用来训练基本技能,如抱紧防撞的时机与方法或在翻转前吸气的时机;但是通用模拟器

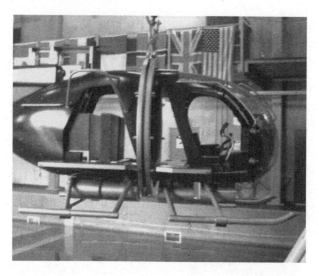

图 7.1　高物理逼真度模拟(图片来自生存系统有限公司,经许可使用)

无法帮助个体练习特定直升机配置所需要的特殊技能(如打开舱口并从抗坠毁座椅位置逃生、穿越过道等)。

从逃生时生理表现的角度来看,通用模拟器不能复现定向障碍情境(Cheung, Hofer,Brooks,Gibbs,2000)。Cheung,Hofer,Brokks,Gibbs(2000)明确说明,通常用于泳池浅水区的小型模拟器不能产生足够的翻滚或下降速度,以诱导定向障碍所需的生理因素。直升机从高空坠水会翻转倒扣进水,从这种最可能发生的情境中实施水下逃生,如果没有定向障碍训练经验,可以说个体就不会做好充分的应对准备(Taber,2014a)。

7.5.1.2　模块化逃生训练模拟器(METS™)下降速度

为了研究实际直升机水上迫降/坠水撞击事故中的下降速度与训练环境中高物理逼真度 UES 的下降速度之间的差异,对起重机的运行速度进行了测试。Kozey(2007)研究了使用 3 种不同起重机速度提升/下放 METS™ 的下降速度。根据以往关于下降速度对定向障碍影响的研究(Cheung 等,2000),3 种下降速度设定为 32.8ft/min、63ft/min 和 98.4ft/min(10m/min、19.2m/min 和 30m/min)。与测试时使用的 63ft/min 相比,其他两种速度分别代表了更慢和更快的下降速度。Kozey(2007)报告,METS™ 从 6.6ft(2m)处自由坠落时(即缆绳或起重机灾难性失效),下降速度为 1230.3ft/min(375m/min)(显然无法用于训练环境)。从报告中可以清楚地看出,即使在 98.4ft/min 的最高下降速度条件下,撞击过载也会达到 1.1~1.2g,因此在人类的耐受能力范围内(Kozey,2007)。为了进一步使撞击过载

符合标准,Kozey(2007)指出:

就伤害风险而言,垂直减速度与坐在 METS 中的个体所受载荷有关。减速度不受速度变化的影响,而是与人类走路、跑步时的典型值相当(Winter,1991)。因此,就垂直减速度而言,使用 30.0m/min 的速度不应比目前的国际标准 19.2m/min 带来更大的风险。

METS™ 自由坠落应是永远不会在训练中使用的极端情况;然而,NUTEC-MTC(2001)发布的《安全警示》描述了一例在水下逃生训练期间缆绳失效的事故。当缆绳失效时,载有两名学员的 UES 自由坠落入水,并沉到池底,然后两名学员均毫发无损地逃生出来(NUTEC-MTC,2001)。澳大利亚、荷兰和苏格兰也发生过类似的事故(与生存系统有限公司创始人私下交流中得知)。在这些事故中,当模拟器自由落水时,学员和教员都在模拟器内,没有人员伤亡的报告。因此,即使预测的下降速度与 Kozey(2007)报告的下降速度相似,且下降速度约为"美洲狮"491号直升机水上迫降事故报告(TSBC,2009)中的一半,在训练环境中也没有发生受伤的情况。

下降速度作为不同物理逼真度的另一个例子,它可能会影响技能从模拟环境到现实情境的迁移。考虑到在 UES 自由坠落事故中受伤的可能性,训练供应商不太可能(也不建议)让个人承担这种风险。然而,这些信息确实表明,在不对人员造成伤害的训练环境中可以模拟近似于实际水上迫降的情境。

7.5.2 技能迁移

从实践的角度来看,Baldwin,Ford(1988)认为,提高模拟的物理逼真度,使其尽可能接近真实世界的条件,这将极大地提高技能从一个环境向另一个环境的迁移。Thomas(2003)认为,物理逼真度是"模拟系统和真实系统之间在视觉、动觉和空间上的相似性。"在这里给出这一定义(以及上述定义)是为了强调逼真度(特别是物理逼真度)是如何在运动技能训练中发挥重要作用的。与程序性知识(身体演示)相比,物理逼真度在陈述性知识(口头解释)的发展中是很重要的;但是,相似程度可能不需要那么精确。

术语"肌肉记忆"通常用于描述为特定技能制订运动计划的过程(Hossein,Fallah,Raza,2012;Shusterman,2011),这个术语意味着一旦某项技能被学习或过度学习(超过首次掌握的练习——自动性),这种技能就会成为第二天性,并且可以自动执行。从生理学的角度来看,肌肉无法"记住"如何执行任务(Muscolino,2006)。但是,这个术语表明,如果同一个任务重复足够多的次数以后,它将在大脑中根深蒂固,个体将不再需要思考任务步骤即可下意识完成任务。然而,尽管人们倾向于相信死记硬背是最好的做法,但是加强运动皮层的神经联系并不是反复执行一项技能的重复过程(Shea,Morgan,1979)。相反,正是在随后的每个练习环节中,将相关因素和可变性相结合,使个体能够为同一任务创建不同的链接(Wright 等,2015)。关于技能习得和情境干扰的研究一再表明,以完全相同的模式练习同一组任务不会产生高水平的技能保持(Porter, Magill, 2010; Schmidt, Bjork, 1992; Shea, Morgan, 1979; Stokes, Lai, Holtz, Rigsbee, Cherrick, 2008)。在基础阶段,通过反复重复相同的任务过程来学习 HUET 技能在一定程度上可能是有效的;然而,只有在学习了特定任务之后,才会创建心理图式。基于这种类型的训练模式,在 Mills, Muir(1999), Kozey 等(2007)和 Taber 等(2012)的研究结果中可以看出 HUET 技能的快速退化并不奇怪。

下面将更详细地就技能保持进行讨论;但是,在这一点上需要注意的是,在信息编码(技能习得)期间呈现的环境线索(即物理逼真度)通常有助于回忆任务过程。例如,如果技能的首次习得是在一个包括视觉、触觉、听觉和/或嗅觉等真实刺激的训练环境中进行的,那么技能表现从一种环境迁移到另一种环境时应当效果更佳(Rose 等,2000)。Coleshaw(2006)声称,尽管真实感的增强与压力的增加是正相关的(Coleshaw,2013,第6、8章),但是 HUET 学员表示,自己对未来表现的信心也增强了(Taber, McGarr, 2013)。

Taber(2014a)认为,通用模拟器的物理逼真度较低,这就需要个体为没有实践经验作为基本参考点的情境创建心理图式。缺乏物理信息(如离二级逃生出口有多远或者从辅助燃料电池上方逃生需要哪些步骤)限制了运动计划的完整性。在极端的时间限制、有限的触觉感官反馈和视觉线索减少的情况下,填补逃生计划的空白可能会增加技能运用错误的概率并降低成功逃生的可能性。这并不是说个体不能迅速制定出在某些情况下被证明是成功的计划。然而,在这些情况下,随着对个体的要求增加,成功的可能性就会降低。

Taber(2014a)进一步指出,机舱内部的复现,如紧急出口的位置或类型与座椅的位置和类型之间的关系,对于相关心智模型的建立是非常重要的。"美洲狮"491号直升机坠毁事故的唯一幸存者在其陈述中明确地指出这一限制,他没有机会练习从靠过道座位逃生。研究还表明,座椅相对于出口的位置会影响个体试图逃生时产生的最大抛放力(Taber, Sweeney, 2014)。虽然严苛的训练课程(见第6章)在身体和心理上对个体做好应对最坏情境的准备可能要求更高,但如果能够提供安全的环境,使个体可以学习应对现实事故的方法,这是非常有益的。

最后,也是最值得注意的是,高精确度通用 UES(图7.2)要求的逃生技能会使个体认为,自己能够将低逼真度环境中获取的信息推广应用到不同的情境(如不同出口、坐在过道而不是靠窗或出口后一排)(Taber,2014a)。这种误导性的观点认为,尽管环境略有不同,压力更大,也不熟悉,由于个体在一般环境中表现良好,个体就能够将逃生时所有必需的技能整合起来应用。

图 7.2 通用 HUET 模拟器(来自 Taber(2014a),经许可使用)

7.5.3 抗坠毁座椅

在 UES 中实现更高的物理逼真度需要增加训练部件,如抗坠毁座椅、可能的危险障碍以及跨过道或跨机舱逃生的特殊技巧。例如,Taber(2013)指出,从标准座椅上逃生与从模拟大冲击力的抗坠毁座椅中逃生("美洲狮"491 号直升机事故中 4 个座椅已降至最低点,TSB,2010)存在显著的差异,后者需要更多的时间且评估等级为更困难。图 7.3 展示了在加拿大 HUET 课程中使用的抗坠毁座椅,从图

图 7.3 位于辅助燃料电池旁的模拟抗坠毁座椅

片上可以看到逃生作业序列的特殊方面,这在通用模拟器中是不可能实践的。特别有趣的是,当个体被困在座位上时,将触碰不到推出式舱口。如果没有机会在受控的环境中进行练习,个体很可能在找到座椅靠背上的参考点之前,就解开了座椅安全带。

在继续讨论功能逼真度和认知逼真度之前,重要的是讨论物理部件的局限性。如上所述,逼真度可以从基本复现到高级复现,从低到高的物理逼真度代表了在训练中可以安全复现的连续体比例(图7.4)。然而,当真实度超过某一特定的临界点时,便会带来不安全的问题,也不会带来更多的好处(定义为极高等级)。一旦达到这个临界点(安全区终点),进一步的降低风险方法也不太可能使模拟环境构成回归到训练的安全临界点。理解这一局限性以及明确界定临界点的能力对HUET课程的未来发展至关重要。

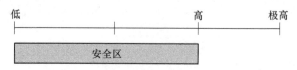

图 7.4　假设的物理逼真度连续体

7.5.4　功能逼真度

功能逼真度是物理逼真度的一个组成部分,是指模拟空间和真实世界中任务需求之间的相似程度。例如,如果需要采用与真实直升机相同的动作解开模拟座椅安全带,或者需要采用与真实直升机相同的力量和操作来打开/抛放应急舱口,那么这样的情况就可以定义为高功能逼真度。但是,如果在模拟环境中功能逼真度很低(如不需拉动推出式舱口的释放拉环或移除机械手柄上的验证板),那么就不应当期望这项技能能够应用到真实环境中。

实现高功能逼真度并不一定需要同样高的物理逼真度。例如,UES环境可能具有极低的物理逼真度(如无风、浪或雨;无驾驶舱;座椅和内部配置也不相同),但是在座椅安全带和舱口机构方面具有较高的功能逼真度。对于不影响与特定技能序列相关的整体表现的简单任务,可能不需要高物理逼真度(Summers,1996);然而,研究表明,真实度越高,训练效果就越好(Hochmitz,Yuviler-Gavish,2011)。Hochmitz,Yuviler-Gavish(2011)指出,"当两个任务具有相同的活动构成时,从第一个任务(模拟)到第二个任务(真实)的迁移最为有效。两个任务之间共享的元素越多,迁移的效果就越好。"

为了进一步讨论完整任务训练与部分任务训练的关系,重要的是考虑如何利用功能逼真度来帮助个体做好充分准备,以完成在水上迫降情境下逃生所需的全部任务(详见第2章中的情景片段)。鉴于功能逼真度专注于逃生过程的单一子任务,可以将它视为部分任务训练环境(Gerathewohl,1969)。无论座椅安全带的释放机构有多真实,与座椅分离也只是完整任务训练过程的一部分。相比之下,在UES环境中的高物理逼真度包含了所有逃生子任务的高功能逼真度。

7.5.5 认知逼真度

与物理逼真度或功能逼真度不同,认知逼真度是模拟复现现实环境中心理和认知因素的程度,如应激、焦虑、情境意识和决策要求(Allen,Hays,Buffordi,1986;Hochmitz,Yuviler-Gavish,2011;Kaiser,Schroeder,2003)。Taber(2014b)指出,如果学员出现与真实水上迫降事件中类似的交感反应增强(Kreibig,2010),那么就说明UES训练环境具有较高的认知逼真度。毫不奇怪,据说完成HUET课程所必需的逃生技能训练是学员尝试过的最难事情之一。

从生理学的角度看,Tipton,Gibbs,Roiz de Sa,Reilly(2010)表明UES训练会提高心率,Coleshaw(2006)声称皮质醇(通常称为应激激素)会增加,Robinson,Sunram-Lea,Leach,Owen-Lynch(2008)指出,HUET学员出现较高的状态性焦虑是与完成水下逃生技能组合训练的期望相关(见第6章)。这些生理变化可能标志着UES训练具有较高的认知逼真度,并且可能被个体视为威胁或挑战,这取决于个体的客观判断。例如,有些学员声称,训练环境和所需的技能组合演示是在受控环境中练习或挑战自我的绝佳机会。对于这些个体来说,通常认为在训练中犯错是一个很好的学习机会,可以在下一轮逃生训练中加以改正,而且训练环境不太可能引起高水平的交感神经系统反应。这种训练的威胁与挑战观在感知应激水平上发挥了重要作用(Lazurus,Folkman,1984)。

训练中认知逼真度的功用在于能够帮助个体在应激情境下做出决策(Bell,Szczepkowski,Santarelli,Schlachter,2005)。认知行为矫正技术,如应激免疫训练(Meichenbaum,Deffenbacher,1988)在模拟过程中需要高等级的认知逼真度;然而,不一定需要高等级的物理逼真度或功能逼真度才能有效地使个体想象真实世界的环境条件。因此,在获得关键技能的过程中,综合运用物理、功能和认知逼真度,可以确保个体能够想象如何在应激情境中完成任务,同时又能实际拥有能够执行必要任务的经验。根据以往水上迫降事故的信息和研究,我们可以认为,为了让个体或团队在现实事件中做好执行复杂任务的准备,关键技能演示应当在HFS环境中进行,同时要确保安全。

尽管已经对多种类型的逼真度进行了分类与研究,但在HUET课程引入逼真度的等级与时机方面,达到集体共识似乎存在相当大的差距。以往的研究中只有一个规范性建议,高逼真度的应用程度需要确保新手习得必要技能不会存在困难。然而,关于物理、功能和认知逼真度的最佳组合的信息很少。例如,要求HUET新学员从最难的一轮逃生训练开始完成资格认证过程,这种做法可能是不明智的。但是,如果有进阶课程,那么最好从入门训练终点开始测试。

7.6 训练中的情境干扰

情境干扰(CI)由 Shea 和 Morgan(1979)首次提出,用来描述不遵循传统死记硬背方法的学习过程。研究表明,在早期学习期间,要求任务表现具有高可变性有助于技能的习得、保持和迁移,同时提高个体适应不断变化条件的能力(Shea, Morgan,1979; Stokes 等,2008)。Taber(2014)强调了一个事实:以往的运动技能训练研究表明,如果初始技能习得过程中加入了 CI,那么技能的保持效果会更好(Barreiros,Figueiredo,Godinho,2007; Lee,Simon,2004; Porter,Magill,2010)。除了要注意信息不要过多过快,CI 被认为是一种有益的途径,可以在训练中引入不同程度的逼真度和难度(Battig,1979; Rose,Cristina,2006; Schmidt,Bjork,1992)。在不同领域中,CI 研究已被应用于开发简单和复杂的运动任务,如消防(Schmidt, Wrisberg,2008)和体育(Pauwels,Swinnen,Beets,2014)。CI 也被称为干扰训练(Cooke,Gorman,Myers,Duran,2013)和压力接种训练(Meichenbaum,Deffenbacher, 1988)。压力接种训练的概念类似于为个体接种普通流感疫苗的理念。一般来说,压力接种训练的目的是逐步增加训练情境中的难度,使个体以受控的方式经历不断增加的压力。随着难度的增加,个体最终会达到临界点,感知到的需求超过了可用的资源,同时伴随压力增加。

将 CI 纳入 HUET 课程中可通过以下方式实现:改变座椅的位置(正常或降低到模拟抗坠毁座椅的位置)、个体位于逃生模拟器的不同侧(见第 2 章)或改变抛放舱口类型(Taber,2013)。通过随机给出这些任务要求,使个体能够更好地回忆起必要的技能,而不是在同一个座位上按照完全相同的顺序执行相同的任务。据称,保持期间表现的提高得益于在初始技能习得或重构过程中对所需技能的细化(Wright 等,2015)。还可以通过要求学员在模拟中执行 HUET 任务来增加 CI,这些模拟包括与环境条件(如风、浪和雨)相关的附加任务。

7.7 未来表现的可预测性

即使在理想的环境下,基于训练环境对未来的表现进行预测也是很困难的。水上迫降事故影响因素(如冲击力、翻转速度、机上人数、座位配置、舱口类型、海面状况、当日时间、警告次数——这里仅举部分因素)的可变性几乎是无限的。但是,可以对技能从训练(实践)环境向真实情境迁移产生影响的因素进行考虑研究。

所有 HUET 课程的一个主要目标是使个体更好地为水上迫降事故做应对准备（第 2 章）。无论实践练习中使用何种设备类型，这一目标都是正确的。然而，当可用于制造或购买全尺寸 UES 的资源有限时，即使物理或功能逼真度与实际直升机的相似性较低，通常都会认为"有训练总比没有好"。这种观点是在没有实证论据的情况下提出的，通常被认为是常识或最佳实践，因为一直都是这样做的。然而，负迁移训练和倒摄干扰研究（Wohldmann, Healy, Bourne, 2008）表明，在与实际空间不相似的环境中学习一项技能达到自动性（过度学习）会阻碍未来的表现（Krakauer, Ghilardi, Ghez, 1999；Pine, Krakauer, Gordon, Ghez, 1996；Wohldmann, Healy, Bourne, 2008；Panzer, Wilde, Shea, 2006）。具体而言，研究表明，在初始技能习得过程中，有些简单的任务，如伸手抓物品，可能会受到练习类型的影响（Joiner, Smith, 2008）。鉴于定位和打开紧急出口的重要性，确保实践环境尽可能接近真实环境是很重要的。

一般认为，训练供应商会在可用的资源下提供尽可能好的课程（第 2 章）。遗憾的是，这种"有总比没有好"的观点限制了预测实际事故中未来表现的能力。Cheung 等（2000）明确表示，与通常用于泳池浅水区的浅水逃生椅相比，全尺寸 UES 中的定向障碍水平（被认为是影响逃生能力的主要因素）明显更高。基于这些发现，可以合理地假设，那些在泳池浅水区接受过通用设备训练的个体，在紧急情况下进行实践技能迁移会遇到一些困难。

在研究与物理、功能和认知逼真度相关的所有影响因素时，还应当就真实性的临界点进行讨论。如假设的物理逼真度连续体如图 7.4 所示，在训练环境中风险与收益之间的平衡存在一个临界点。图 7.5 进一步对这一概念进行拓展，展示了

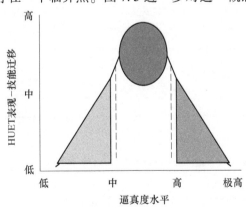

图 7.5　基于逼真度等级的 HUET 技能迁移理论曲线

注：低逼真度到中逼真度曲线下方区域中技能迁移程度最低。虽然极限部分的初始迁移水平更高，但表现结果迅速下降，而且受伤的风险非常大，因此不建议用于训练。

基于物理、功能和认知逼真度水平的 HUET 表现的理论分布情况。从图中可以看出，在保持可接受的真实度水平的同时，达到最佳 HUET 表现的临界点是可能的。为了评估训练中的最佳逼真度水平，可以通过倒 U 曲线对表现结果进行研究（经典 Yerkes-Dodson 定律，1908）。图 7.5 中描述的曲线仍然是理论曲线，因为测试物理逼真度连续体的极限是不安全的。

横轴代表物理、功能和认知逼真度的不同水平。表 7.1 提供了进一步的信息，归纳了每种类型逼真度的组成部分。这些分类只代表了在确定 HUET 最佳表现区域时应考虑的一些可能的组成部分。

表 7.1 直升机水下逃生训练逼真度等级分类

逼真度类型	低级	中级	高级	极高级
物理	• 在泳池浅水区使用单座训练器 • 无环境条件（风、雨、浪） • 无下降速度 • 滚动速度不一致	• 在泳池深水区使用多座训练器 • 无环境条件 • 通用舱口 • 下降速度慢（不会导致定向障碍） • 滚动速度大体一致	• 在泳池深水区使用多座训练器 • 使用环境条件 • 下降速度至少 19.2m/min (Kozey,2007) • 滚动速度一致/可控	• 在泳池深水区使用多座或单座训练器 • 过度使用环境条件（对员工和学员有害） • 引发冲击力的快速下降速度——增加了受伤的风险
功能	• 通用舱口 • 通用座椅安全带	• 通用舱口 • 通用座椅安全带	• 专用直升机——专用舱口 • 直升机专用座椅安全带	• 专用或通用舱口（很难打开——可能被困）
认知	• 压力/焦虑增加最少	• 压力/焦虑增加	• 压力/焦虑增加	• 压力/焦虑过度增加，以至于学员无法继续训练

7.7.1 直升机水下逃生训练低逼真度模拟

表 7.1 中"低级"表示设备和环境不复现实际事件中出现的情况（如多人、高空坠落）。此外，用于低逼真度设备的通用出口（如有）通常与实际直升机的功能没有直接联系。这种物理和功能逼真度的降低很少会引起与全尺寸 UES 相同程度的压力/焦虑。

7.7.2 直升机水下逃生训练中逼真度模拟

分类中的二级(中级)代表某些物理和功能逼真度的初始整合;但是,其中并不包括实际事件的所有方面。例如,中逼真度模拟可能包括多个座位和出口,但无法模拟诱导定向障碍的合理下降或翻转速度。这种级别的模拟也强调了与大多数乘员乘坐的直升机的实际功能只有有限的相似性。采用通用出口的方式无法为学员提供机会来练习实际迫降所需的技能。通用舱门也可能比实际直升机上的舱门更容易打开,从而导致在训练期间的高通过率。Taber,McGarr(2013)对采用通过率作为胜任力成绩的局限性进行了讨论。即使能够打开与直升机上完全不同的推出式模拟舱口,也不能自动确保个体在实际紧急情况下能够执行必要的任务。中逼真度模拟器的压力/焦虑水平通常高于低逼真度模拟器的,因为个体被束缚在更大的设备中,随着设备提升、下降,然后在水池深处倒扣过来,这样会增加对风险的感知。虽然可能存在较高水平的感知风险,但在经过认证/行业认可的中逼真度UES中进行训练的实际风险水平与低逼真度环境的风险水平(如在水下存在肺吸入水的可能性)相似或完全相同。在这两种情况下,通过配备训练有素的人员于近处(即能够触到从模拟器中逃生的个体)和制定完善的应急反应预案来降低风险。

7.7.3 直升机水下逃生训练高逼真度模拟

高逼真度环境是多种物理、功能和认知因素的组合。与中逼真度的模拟类似,HFS对于开发可以直接迁移到现实世界的特定心智模型是至关重要的。若有机会在一个环境中完成/练习整套任务(完整任务),其中包括相同类型的舱口、座椅和安全带,无疑将为个人提供有利的训练条件。通过风、雨和波浪等环境条件增强这种体验,能够确保对逃生和逃生后的生存和救援阶段相关的问题进行研究(Taber,2014b)。尽管有明显的好处,但对于训练机构来说,控制实际训练风险不超过临界点是非常重要的。

7.7.4 直升机水下逃生训练极高逼真度模拟

当达到了极高逼真度等级,模拟环境可能会对学员造成潜在的伤害(包括生理和心理两方面)。例如,模拟可能导致撞击伤害或昏迷的UES下降速度是能够实现的;然而,这也将是极其危险的。这类训练能够提供向真实环境迁移知识的最佳途径,但幸存者不太可能愿意完成第二次逃生练习。确定HFS所有方面的极限临界点是至关重要的,这样才能确保提供安全高效的训练环境,让学员来学习必要的技能。

7.8 小结

在初始技能习得过程中采用的物理逼真度等级主要取决于任务的复杂性。例如,如果任务本质上很简单,那么物理逼真度的等级就不需要很高。然而,如果这项技能需要精确的动作,而这些动作会受到环境条件的影响,并且受到动作顺序整合的限制,那么物理逼真度要比功能逼真度更重要。在模拟浪、雨和风的条件下,在特定航空救生船(如 RFD)上搭建船篷是一个相关例子,说明物理逼真度是如何潜在地影响逃生后技能的未来表现。在无环境条件下(低物理逼真度),使用通用救生船完成类似任务,不太可能让个体准备好使用完全不同的船篷收放系统来完成任务。

这同样适用于任何任务,如抛放舱口、释放座椅安全带、激活个人定位信标、支起防雨篷或激活频闪灯。理想情况下,受训人员是在可控的环境下,使用与现实情境完全相同的设备,来完成直升机水上迫降和生存任务。由于人类非常依赖视觉线索来帮助习得技能,可以合理地假设初始高物理逼真度模拟训练应当在充分照明的环境中进行(Khan,Franks,2004;Robertson,Tormos,Maeda,Pascual-Leone,2001)。然而,一旦掌握了这项技能,就应当在与实际环境相似的环境中进行练习。因此,如果出现能见度很低的情况(微光——夜间或大雾),在确保安全的前提下,应当在这些条件下对表现进行评估。

在引用以往的运动技能习得的相关文献时,Hochmitz,Yuviller-Gavish(2011)指出,"当两个任务具有相同的活动构成时,从第一个任务(模拟)到第二个任务(真实)的迁移最为有效。两个任务之间共享的元素越多,迁移的效果就越好"。在所有可能的条件下,将物理、功能和认知逼真度整合到所有逃生训练中,以确保个体有机会练习必要的技能,并在实际条件下纠正练习中的错误。无论环境条件如何,技能习得相关的研究表明,应当要求个体通过完整任务演示来展示胜任力,如果未来的 HUET 课程能够纳入这类要求,那么就可能更好地提高实际水上迫降事故的生存能力。

参考文献

[1] Adams,J. A. (1987). Historical review and appraisal of research on the learning, retention, and transfer of human motor skills. *Psychological Bulletin*,101(1),41-74.

[2] Allen,J. A.,Hays,R. T.,& Buffordi, L. C. (1986). Maintenance training, simulator fidelity, and individual differences in transfer of training. *Human Factors*,28,497-509.

[3] Anderson,G. (2008). *CPR and first aid skill retention*. Work Safe BC - RS2006-IG06.

[4] Baldwin, T. T. , & Ford, J. K. (1988). Transfer of training: a review and direction for future research. *Personal Psychology*, 41(1), 63–105.

[5] Barreiros, J. , Figueiredo, T. , & Godinho, M. (2007). The contextual interference effect in applied settings. *European Physical Education Review*, 13(2), 195–208.

[6] Battig, W. F. (1979). The flexibility of human memory. In L. S. Cernak, & F. J. M. Craik (Eds.), *Levels of processing and human memory*. Hillsdale, NJ: Erlbaum. pp. 23–44.

[7] Bell, B. , Szczepkowski, M. , Santarelli, T. , & Schlachter, J. (2005). Cognitive fidelity as a touchstone for on-demand team training. In *Behavior representation in modeling and simulation conference proceedings* (05-BRIMS-052).

[8] Bradley, P. (2006). The history of simulation in medical education and possible future directions. *Medical Education*, 40, 254–262.

[9] Cheung, B. , Hofer, K. , Brooks, C. , & Gibbs, P. (2000). Underwater disorientation as induced by two helicopter ditching devices. *Aviation, Space, and Environmental Medicine*, 71(9), 879–888.

[10] Civil Aviation Authority. (1995). *CAP641-Report of the review of helicopter offshore safety and survival*. Report available from: https://www.caa.co.uk/docs/33/CAP641.PDF.

[11] Civil Aviation Authority. (2014). *Safety review of offshore public transport helicopter operations in support of the exploitation of oil and gas*. Report CAP 1145.

[12] Coleshaw, S. R. K. (2006). *Investigation of removable exits and windows for helicopter simulators*. OPITO Report SC 153.

[13] Coleshaw, S. R. K. (2013). *Goals for basic survival training. CNLOPB report*. Report number SC 181.

[14] Cooke, N. J. , Gorman, J. C. , Myers, C. W. , & Duran, J. L. (2013). Interactive team cognition. *Cognitive Science*, 37(2), 255–285.

[15] Cunningham, W. F. (1978). Helicopter underwater escape trainer (9D5). In *AGARD conference proceedings*, No. 255 (*Operational helicopter aviation medicine*), 66-1-; 66-3.

[16] Gerathewohl, S. J. (1969). Fidelity of simulation and transfer of training: a review of the problem. In *Paper presented at AGARD-NATO-Advanced operational aviation medicine*. Hays, R. T. (1981). *Training simulation fidelity guidance: The iterative data base approach*. U. S. Army Research Institute for the Be-havioral and Social Sciences. Technical report 545.

[17] Hays, R. T. , Jacobs, J. W. , Prince, C. , & Salas, E. (1992). Flight simulator training effectiveness: a meta-analysis. *Military Psychology*, 4, 63–74.

[18] Hays, R. T. , & Singer, M. J. (1989). *Simulation fidelity in training system design: Bridging the gap between reality and training*. New York: Springer-Verlag.

[19] Hochmitz, I. , & Yuviler-Gavish, N. (2011). Physical fidelity versus cognitive fidelity training in procedural skills acquisition. *Human Factors*, 53(5), 489–501.

[20] Hossein, H. , Fallah, A. , & Raza, M. (2012). New role for astroglia in learning: formation of muscle memory. *Medical Hypotheses*, 79, 770–773.

[21] Joiner, W. M. ,& Smith, M. A. (2008). Long-term retention explained by a model of shortterm learning in the adaptive control of reaching. *Journal of Neurophysiology*, 100, 2948–2955.

[22] Kaiser, M. K. , & Schroeder, J. A. (2003). Flights of fancy: the art and science of fiight

simulation. In M. A. Vidulich, & P. S. Tsang (Eds.), *Principles and practice of aviation psychology*. Mahwah, NJ, US: Lawrence Erlbaum Associates, Publishers. pp. 435–471.

[23] Khan, M. A., & Franks, I. M. (2004). The utilization of visual feedback in the acquisition of motorskills. In A. M. Williams, & N. J. Hodges (Eds.), *Skill acquisition in sport: Research, theory, and practice*. New York: Routledge.

[24] Knass, K. (2013). *How I survived North sea helicopter crash that killed four-Hull man Paul Sharp*. Retrieved from: http://www.hulldailymail.co.uk/Holderness-Road-man-escaped-death-helicopter/story-20093886-detail/story.html#ixzz2qaRpl0Qo.

[25] Kozey, J. (2007). *Man rating the helicopter underwater escape trainer using an advanced survival systems jib crane at three different descent speeds. Survival systems limited technical report.*

[26] Kozey, J., McCabe, J., & Jenkins, J. (2007). The effects of different training methods on egress performance from the modular egress training simulator. In *Safe conference proceedings*.

[27] Krakauer, J. W., Ghilardi, M.-F., & Ghez, C. (1999). Independent learning of internal models for kinematic and dynamic control. *Neuroscience Nature*, 2(11), 1026–1031.

[28] Kreibig, S. D. (2010). Autonomic nervous system activity in emotion: a review. *Biological Psychology*, 84, 394–421.

[29] Lazarus, R. S., & Folkman, S. (1984). *Stress, appraisal, and coping*. New York: Springer. pp. 117–140.

[30] Lee, T. D., & Simon, D. A. (2004). Contextual interference. In A. M. Williams, & N. J. Hodges (Eds.), *Skill acquisition in sport: Research, theory and practice*. New York: Taylor and Francis. pp. 29–44.

[31] Lim, J., Reiser, R. A., & Olina, Z. (2009). The effects of part-task and whole-task instructional approaches on acquisition and transfer of complex cognitive skill. *Educational Technology Research and Development*, 57, 61–77.

[32] Meichenbaum, D., & Deffenbacher, J. L. (1988). Stress inoculation training. *The Counseling Psychologist*, 16(1), 69–90.

[33] Mills, A. M., & Muir, H. (1999). Development of a standard for underwater survival. In *Technical paper for Shell Group*.

[34] Muscolino, J. (2006). What is muscle memory? the posture of our body is largely deter-mined by the memorized pattern of baseline tone of the musculature of our body. *Message Therapy Journal*, 48(1), 105–108.

[35] NUTEC-MTC. (2001). *Safety alert NUTEC-MTC group*. Report No. 001/SHEQ.

[36] Panzer, S., Wilde, H., & Shea, C. H. (2006). Learning of similar complex movement sequences: proactive and retroactive effects on learning. *Journal of Motor Behavior*, 38, 60–70.

[37] Pauwels, L., Swinnen, S. P., & Beets, I. A. M. (2014). Contextual interference in complex bimanual skill learning leads to better skill persistence. *PLoS ONE*, 9(6), e100906.

[38] Pine, Z. M., Krakauer, J., Gordon, J., & Ghez, C. (1996). Learning of scaling factors and reference axes for reaching movements. *Neuroreport*, 7, 2357–2361.

[39] Porter, J. M., & Magill, R. A. (2010). Systematically increasing contextual interference is beneficial for learning sport skills. *Journal of Sports Science*, 28(12), 1277–1285.

[40] Robertson, E. M., Tormos, J. M., Maeda, F., & Pascual-Leone, A. (2001). The role of the dorsolateral prefrontal cortex during sequence learning is specific for spatial information. *Cerebral Cortex*, 11(7), 628–635.

[41] Robinson, S. J., Sunram-Lea, S., Leach, J., & Owen-Lynch, P. J. (2008). The effects of exposure to an acute naturalistic stressor on working memory, state anxiety and salivary cortisol concentration. *International Journalon the Biology of Stress*, 11(2), 115–124.

[42] Rose, D., & Christina, R. (2006). *A multilevel approach to the study of motor control and learning*(2nd ed.). San Francisco, CA: Pearson/Benjamin Cummings.

[43] Rose, F. D., Attree, E. A., Brooks, B. M., Parslow, P. R., Penn, P. R., &Ambihaipahan, N. (2000). Training in virtual environments: transfer to real world tasks and equivalence to real tasks. *Ergonomics*, 43(4), 494–511.

[44] Ryack, B. L., Luria, S. M., & Smith, P. F. (1986). Surviving helicopter crashes at sea: a review of studies of underwater egress from helicopters. *Aviation, Space, andEnviron- mental Medicine*, 57(6), 603–609.

[45] Schmidt, R. A. (1975). Aschema theory of discrete motor skill learning. *Psychological Review*, 82(4), 225–260.

[46] Schmidt, R. A. (2003). Motor schema theory after 27 years: reflections and implications for a new theory. *Research Quarterly for Exercise and Sport*, 74(4), 366–375.

[47] Schmidt, R. A., & Bjork, R. A. (1992). New conceptualizations of practice: common principles in three paradigms suggest new concepts for training. *Psychology Science*, 3(4), 207–217.

[48] Schmidt, R. A., & Lee, T. D. (2011). *Motorcontrolandlearning*. Champaign, IL: Human Kinetics.

[49] Schmidt, R. A., & Wrisberg, C. A. (2008). *Motor learning and performance: Asituation-based learning approach*. Champaign, IL: Human Kinetics.

[50] Shea, J. B., & Morgan, R. L. (1979). Contextual interference effects on the acquisition, retention, and transfer of a motor skill. *Journal of Experimental Psychology: Human Learning and Memory*, 5, 179–187.

[51] Shusterman, R. (2011). Muscle memory and the somaesthetic pathologies of everyday life. *Human Movement*, 12(1), 4–15.

[52] Simmons, R. R., Lees, M. A., & Kimball, K. A. (1978). *Visual performance/workload of helicopter pilots during instrument flight*. U. S. Army Aeromedical Research Laboratory. USAARL Report No. 78-6.

[53] Stokes, P. D., Lai, B., Holtz, D., Rigsbee, E., &Cherrick, D. (2008). Effectsofpracticeon variability, effects of variability on transfer. *Journal of Experimental Psychology*, 34(3), 640–659.

[54] Summers, F. (1996). *Procedural skill decay and optimal retraining periods for helicopter underwater escape training*. IFAP technicalreport.

[55] Taber, M. J. (2010). Offshore helicopter safety inquiry report. In R. W. Wells (Ed.), (Commissioner), *Canada-Newfoundland and Labrador offshore helicopter safety inquiry* (VolII). pp. 211–290.

[56] Taber, M. J. (2013). Crash attenuating seats: effects on helicopter underwater escape performance. *Safety Science*, 57, 179–186.

113

[57] Taber, M. J. (2014a). Simulation fidelity and contextual interference in helicopter under- water egress training: an analysis of training and retention of egresss kills. *Safety Science*, 62, 271–278.

[58] Taber, M. J. (2014b). *Post-egress survival skills in low level light conditions. Technical report for Petroleum Research Newfoundland and Labrador*.

[59] Taber, M. J., Kozey, J., & McCabe, J. (2012). *Investigation of emergency breathing apparatus skill set knowledge transfer between helicopter underwater escape training simulators*. Unpublished technical document for survival systems traininglimited.

[60] Taber, M. J., & McGarr, G. W. (2013). Confidence in future helicopter underwater egress performance: an examination of training standards. *Safety Science*, 60, 169–175.

[61] Taber, M. J., & Sweeney, D. H. (2014). Forces required to jettison a simulated S92 pas- senger exit: optimal helicopter underwater egress training techniques. *International Journal of Industrial Ergonomics*, 44, 544–550.

[62] Thomas, M. J. W. (2003). Operational fidelity in simulation-based training: the use of data from threat and error management analysis in instructional systems design. *In Proceedings of SimTecT 2003: Simulation conference*. pp. 91–95.

[63] Thorndike, E. L., & Woodworth, R. S. (1901). The infiuence of improvement in one mental function upon the efficiency of other functions. *Psychological Review*, 8, 247–261. Tipton, M. J., Gibbs, P., Brooks, C., Roiz de Sa, D., & Reilly, T. (2010). ECG during helicopter underwater escape training. *Aviation, Space & Environmental Medicine*, 81, 399–404.

[64] Transportation Safety Board of Canada. (2009). *Determination of impact acceleration and orientation: Helicopter, SikorskyS-92A, C-GZCH*. Engineering Report LP092/2009.

[65] Transportation Safety Board of Canada. (2010). *Main gearbox malfunction/collision, with water*. Aviation Investigation Report A09A0016. Ministry of Public Works, and Government Services.

[66] Wells, R. (2010). *Canada-Newfoundland and Labrador offshore helicopter safety inquiry* (Vol. 1). St. John's, NL: Canada-Newfoundland and Labrador Offshore Petroleum Board.

[67] Wohldmann, E. L., Healy, A. F., & Bourne, L. E. (2008). A mental practice superiority effect: Les sretroactive interference and more transfer than physical practice. *Journal of Experimental Psychology: Learning, Memory, and Cognition*, 34(4), 823–833.

[68] Woolfson, C., Foster, J., & Beck, M. (1996). *Paying for the piper: Capital and labour in Britain's offshore oil industry*. London: Mansell Publishing Limited.

[69] Wright, D., Verwey, W., Buchanen, J., Chen, J., Rhee, J., & Immink, M. (2015). Consolidating behavioral and neurophysiologics findings to explain the infiuence of contextual interference during motor sequence learning. *Psychonomic Bulletin & Review*, 22(3), 1–21.

[70] Yerkes, R. M., & Dodson, J. D. (1908). The relation of strength of stimulus to rapidity, of habit-formation. *Journal of Comparative Neurology and Psychology*, 18, 459–482.

第8章
直升机紧急呼吸系统

Sue Coleshaw
(英国阿伯丁郡阿博伊恩市金卡丁·奥尼尔村　独立研究顾问)

8.1　紧急呼吸系统的必要性

多年的事故统计表明,淹溺是直升机坠水事故中造成死亡的主要原因(Chen, Muller, Fogarty, 1993; Clifford, 1996; Rice Greear, 1973)。这也许并不令人惊讶,因为直升机在撞击后立即或不久就倾覆或沉没的案例比例很高,意味着那些撞击中的幸存者必须从位于水下的舱口进行逃生。同时,直升机乘员还必须应付突然涌入机舱的水流和机身倒扣引起的定向障碍(Brooks, 1989; Cheung, Hofer, Brooks, Gibbs, 2000; Jamieson, Armstrong, Coleshaw, 2001; Ryack, Luria, Smith, 1986)。在没有任何个人装备帮助的情况下,只能在头入水前吸气,然后在屏气时间内完成水下逃生。一般认为,在冷水中的屏气时间并不能满足直升机水下逃生的时间需求(Cheung, D'Eon, Brooks, 2001; Coleshaw, 2003, 2013; Tipton, Balmi, Bramham, Maddern, Elliot, 1995)。有时,直升机乘员必须穿过机舱才能到达可用的应急舱口,或者必须要等另一人先出舱才能使用最近的应急舱口,这种情况是真实存在的。因此,设计用于延长潜水时间的装备将增加逃生的可能性,进而希望可以减少淹溺的发生率。

淹溺的发生率由坠水撞击的类型决定。受控迫降(机组人员故意在水上进行的紧急迫降)造成的淹溺人数很少。在这种情况下,Clifford(1996)报告了总共308人只发生过4例淹溺(Coleshaw, 2003)。在大多数受控的情况下,飞机在水面上处于直立漂浮状态,因此乘员有足够的时间安全撤离到救生船上(AAIB, 1997, 2014; AAIB/N, 1998)。在较高等级的海况下,虽然飞机也可能会倾覆,但是很少会立即发生。而且,机组成员也倾向于尽量减少在高海浪区实施紧急着水。当没有提供或部署外部漂浮装置时,或者相对于海浪条件而言浮力不足时,水上迫降容易发生倾覆,这种情况下,发生淹溺的概率将增加。

在不受控的坠水撞击事故中,撞击伤是致命的主要原因;而在可生存的坠水撞击事故中,由于受控飞行入水或者部分受控垂直降落,淹溺则是致命的主要原因(Clifford,1996;Coleshaw,2003)。在上述情况下,机组成员可能几乎得不到任何警告,因此没有多少时间为后续事件做好准备(Brooks,MacDonald,Donati,Taber,2008;Chen等,1993)。北海"鸬鹚α"号平台附近的事故报告中提到乘员在头部入水前吸气的能力:"向机舱涌入的水流非常急,虽然坐在靠近后门的幸存乘员有足够的时间深呼吸,但前座的乘员并没有(AAIB,1993)。"4位乘员经受住了水流冲击并成功解开了座椅安全带,但没有成功逃离到水面。调查认为直升机已经发生倾覆,在海面停留1~2min,4min内完全沉没,屏气时间是阻碍乘员逃生的限制因素(水温7~8℃)。有趣的是,事故发生后的行业安全审查得出结论(CAA,1995),引入EBS并没有为紧急事件带来明显的优势,但可以采取有利于逃生的措施,强调通过系统改进而不是依赖机组成员的个体防护装备,可能会更可靠地提高水下成功逃生的机会。毫无疑问,后一项建议是正确的,但是在缺乏系统改进的情况下,紧急呼吸系统可降低风险等级。

曾经对加拿大东部海岸发生的一起事故的调查表明:"在刚发生入水撞击后,一些机组成员还能保持意识,但最终在逃离下沉的直升机之前因超过屏气极限导致淹溺"(TSB,2010),淹溺是导致17名乘员死亡的原因。这本来是EBS可以挽救生命的另一个实例,事故发生不久,通过工业部门几年工作的努力,引入了一种压缩空气型紧急呼吸系统。

淹溺高发的一个重要原因是冷休克(见第4、5章),冷休克显著地缩短了直升机乘员在水中的屏气时间,降低了成功逃离飞机的机会。寒冷对屏气的影响是许多直升机事故中淹溺的重要原因(Brooks,1989;TSB,2010)。

屏气的持续时间随水温的降低而线性减少(Hayward,Hay,Matthews,Overweel,Radford,1984)。在相对温和的24℃水温下,228名平民和军事海上作业人员的屏气时间在5~120s之间,平均为37s(Cheung等,2001)。当水温低于15℃后,个人在没有保护装置的情况下屏气时间低于30s,仅达到浸泡前水平的25%~50%(Hayward等,1984)。即使穿着直升机运输抗浸服(详见第9章直升机运输抗浸服),证据表明当浸入10℃水中时,最长的屏气时间少于20s,有时甚至低于6s(Tipton等,1995;Tipton,Franks,Sage,Redman,1997;Tipton,Vincent,1989)。

逐渐缩短的屏气时间给乘员从倾覆直升机中逃生提供非常短的时间。研究表明,从UES靠近舱口的座位上逃生需要的时间为25~30s(Bohemier,Chandler,Gill,1990;Coleshaw,Howson,1999)。直升机模拟器试验全乘员逃生的时间在27~92s之间,而且最后一名必须借助EBS系统才能完成。这些时间可以与Cheung的研究结果进行比较,在其研究中,34%的人屏气时间少于28s(Cheung等,2001)。在冷水中屏气时间和从直升机座舱中安全逃生所需时间之间的差为配备应急水下呼吸设备提供强有力的证据。

如果在倾覆事故中能有效地使用EBS,那么在水中增长的屏气时间能提供足够的时间完成寻找可用的逃生路线、从直升机逃出并到达水面等活动。当乘员在直升机倾覆后出现定向障碍,处于光照条件不足以及应对其他阻碍逃生的因素时,就必须采取有效行动。乘员可能会因压力或者被别人妨碍等原因在解安全带时耽误时间。受到水冲击后,机体也可能会发生变形,从而出现舱口打不开、舱口变小等问题,导致最近的或者最明显的逃生路线拥堵。座椅靠背的变形,可能会导致逃生困难。逃生路线可能会被另外一个失去意识的、受伤的或者失去理智的人挡住,此时可能会无法采取行动或者采取不适宜的行动(Leach,2004;Muir,1999)。在上述情况下,无法实现快速逃生,乘员仅仅依靠屏气无法成功逃生。在EBS系统的辅助下,乘员将有足够的时间克服障碍,寻找可用的逃生路线,最终找到逃生出口。

Ryack,Smith,Champlin,Noddin(1977)根据24名经验丰富的潜水员在有照明的条件下从直升机逃生的研究得出使用EBS系统的益处。给每个潜水员提供一个可用4.5min的压缩空气呼吸设备,以防止在水下逃生时发生定向障碍。有16名潜水员发生定向障碍、迷失方向和/或陷入困境,除了1次是没有照明的情境。其中8名潜水员借助呼吸装置安全逃生,另外2名没有成功使用呼吸装置。作者对配发水下呼吸装置表示支持,随后得出的结论是,水下呼吸装置可使直升机乘员在坠机后"有足够的时间采取适当的行动"(Ryack等,1986)。

Taber,McCabe(2009)在试验中发现配备EBS系统后,100%的试验者均可以成功逃生,而不采用EBS系统时只有58%的试验者能够成功逃生。因此,推荐军队在水上飞行过程中使用EBS装备。此外,还描述了如何使用EBS装置从部分堵塞的舱口进行逃生,虽然逃生需要更长时间,但是当使用EBS后,认为逃生效能得到了有效提升。试验证明EBS能让用户在逃生时有时间思考后续的行动并遵循正确的程序。

然而,发生事故的直升机只有少量装备了呼吸装置,幸存者的报告表明EBS系统对用户具有镇静作用(Barker,Yacavone,Borowsky,Williamson,1992),另外当直升机配备EBS时,乘员会觉得轻松(Brooks,Tipton,2001;Coleshaw,2003),从而克服了可以理解的恐慌感。

综上所述,可以清楚地看出在水上飞行的直升机配备EBS装置的必要性。或者说,依赖个体防护装备和在紧急情况下依赖个人正确使用防护设备是不可取的。最好是通过系统改进来减少直升机乘员在水下逃生的可能性。将来直升机安全方面的改进可能会降低对EBS的需要,但是,当前强有力的证据表明应该为直升机乘员配备 EBS 装置,特别是在敌控海域上空飞行的人员。

8.2 紧急呼吸系统的发展历史

8.2.1 军队和海岸警卫队机组人员使用紧急呼吸系统的早期发展历史

军方早就认识到在试图从沉没水下的飞机上逃生时,淹溺是导致死亡的主要原因。EBS 的概念最早是在 20 世纪 40 年代提出的。早在 1945 年,美国海军就对一些产品进行过测试(Brooks,Tipton,2001),第一批压缩空气型产品在 20 世纪 80 年代初就已经列装(图 8.1)。

图 8.1 1985 年意大利海军使用的早期型号压缩空气型 EBS
(图片由 Chris Brooks 博士提供)

1963 年,一份美国海军水雷防务实验室(Odum,1963)的报告描述了救生衣中紧急呼吸装置的设计和测试。这是一种可以输送含氧 75% 混合气体的半闭式系统;因为开式系统被认为是低效能的,需要一个较大的气瓶来提供足够的气体。半闭式系统可以提供 15min 的呼吸量,远远超过直升机水下逃生所需的时间。该报告建议美国海军飞机(包括直升机)的机组人员使用 EBS,以便在坠水事故中辅助生存。

20世纪80年代初,为美国海岸警卫队开发的水下逃生呼吸背心也是一种两用系统,将呼吸系统整合到充气救生衣中(图8.2),该设备也使用氧气作为呼吸气体。美国海军试验潜水部队评估得出结论,含氧40%的混合气体能保证呼吸达到最佳的持续性和安全性(Gray,Thalmann,Syklawer,1981)。

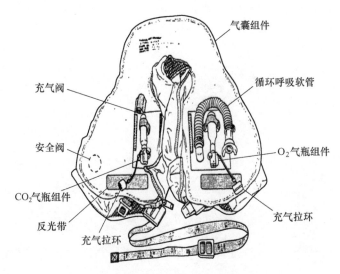

图8.2 美国海岸警卫队配备的水下逃生呼吸装置
(图片来自 Brooks,Tipton(2001))

然而,在冷水中训练时使用含氧40%供气设备的最长持续时间只有2min,因此美国海岸警卫队列装的设备使用100%纯氧。随后,该设备因使用纯氧受到指责(Brooks,1989;Hayes,1991),这是因为担心呼吸纯氧会导致低氧驱动或者严重高碳酸血症,进而缺乏呼吸刺激,并导致意识丧失。Hayes报告指出呼吸软管进气口会出现折叠,特别是在水中时更常出现,美国海岸警卫队在使用过程中还出现了更多的问题。因为没有安装按需供气阀,如果咬嘴从口中掉出来,气体将全部泄露。气袋浮力也是一个问题,训练中如果双手把住气袋才可能逃出舱门,但是如果失去一个把手点就很难逃出舱门。据说这是美国海军拒绝使用该系统的原因之一(Coleshaw,2003)。美国海岸警卫队担心使用纯氧会带来火灾风险,所以后来改用压缩空气装置。

20世纪80年代,加拿大国防与民用环境医学研究所和美国海军研究出一种直升机EBS装置,包含一个气瓶、调节阀、咬嘴和清除按钮,使用压缩空气而不是纯氧。该装置是一个相对简单的系统,它是基于1979年潜水运动员辅助供氧设备开发的,当主供氧设备耗尽时可提供游到水面所需的空气。

继大量的试验之后,美国海军在1986年将所谓的HEED 2(直升机应急逃生装置)列装(图8.3)。早在1987年,一架直升机坠入太平洋中,两名机组人员利用这种 EBS 成功逃生,就证明了压缩空气型 EBS 的好处(Brooks,Tipton,2001)。与此同时,加拿大人对其进行了一些改进,在气瓶和调节器之间增加了一根软管,便于将气瓶存储在救生背包内。经过几次改进后,1988 年加拿大将 EBS 装置列装。后来,装备产生的一些维护问题得以改进,相应的改进型号相继进入市场,1993—1994 年有 5 种压缩空气型 EBS 装置可供采购,一些有软管而另一些则没有(Brooks,Tipton,2001)。经大量的测试,被选中的 EBS 装置带有软管,可单手操作,且气瓶可放在肩后救生背心中。

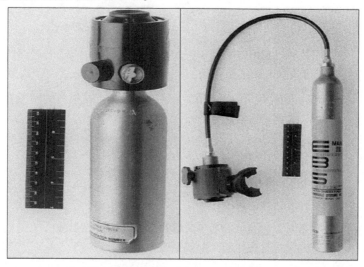

图 8.3　HEED 2 及其带软管的加拿大改进型(图片来自 Brooks 和 Tipton(2001))

英国皇家海军首次考虑使用的 EBS 装置为 1975 年开始试验的 HEBE(直升机紧急呼吸装置)(Brooks,Tipton,2001),但是它并没有列装。直到 1989 年,英国皇家空军的一份报告指出空气供给装置对从水下直升机中逃生会产生极大的帮助,随后"短期空气供给系统(STASS)"采购程序才得以实施。STASS 系统用于协助受训的军事机组人员从水上迫降直升机中逃生。初始规范是要求压缩空气系统应安装在救生衣上,具有激活首次呼吸的作用,在 207bar(207×10^5Pa)的压力下拥有 50L 以上的容量,能够在任意方向清除咬嘴积水,带有压力表,经得起水上迫降冲击力,并能保持完整的功能(Coleshaw,2003)。1992 年,STASS 开始用于训练并列装,配备给英国皇家海军的机组人员和英国皇家空军水上飞行的人员。

一年后,开始确定适合于军队乘员的 EBS 装置(Coleshaw,2003)。由于潜在乘员群体的规模、性质和地理分布等原因,认为在水中进行 EBS 训练是不切实际的。EBS 设计的初衷是简便易用,这样乘员的训练可以限制在飞行前简令中进行。该设备是一种装在腰部小袋里的压缩空气装置,带有一个特别改进的咬嘴,可以防止进水,以减少清除积水的需求。

8.2.2 海上乘员使用紧急呼吸系统的发展历史

最初民用直升机乘员使用的 EBS 是为往返于北海油气设施的英国海上工作人员开发的循环呼吸系统。1996 年,循环呼吸系统最初由两家运营商投入使用。它被集成在乘员衣服上,但是又发现这样会限制呼吸袋的使用,随后改进为放置在乘员救生衣胸前袋子里携带。1999 年,这种产品得到更进一步改进,并替代为混合呼吸系统,它基本上还是原有的组成,只不过带有一个小空气瓶(3L),用于在完全浸没的情况下自动向呼吸袋充气。这样,用户在入水之前不用提前吸气,在水下依然能从袋中呼吸空气。在第二代混合呼吸系统成熟后,英国的海上用户才开始使用 EBS 系统。

自从英国开始使用混合呼吸系统以后,更多地区的民事海上乘员开始使用相关产品。挪威将一种呼吸设备集成到乘员救生衣上,满足挪威石油工业协会的要求(OLF,2004)。这些要求明确呼吸系统在飞机发生倾覆时要自动激活,以减少用户的操作。

加拿大海上工业部门在 2009 年为民事乘员引进一种压缩空气型 EBS。所选产品与军用产品设计非常相似(军事行动采用了压缩空气型 EBS),但因为在训练中出现了气压伤风险,推迟了产品的使用。在 2009 年一次致命事故之前(TSB,2010),加拿大海上行业部门启动了 EBS 产品遴选项目,但直到事故发生后才引进了该设备。然后成功地实施了 EBS 训练(Brooks,MacDonald,Carroll,Gibbs,2010),但仅限于浅水区练习,目的是将气压伤风险降低到可忽略的水平。

直到 2015 年,油气运营商才强制要求其海上作业员工携带 EBS 设备。此前,对 EBS 的使用几乎没有规定,也没有规定要求民航乘客或机组人员在水上飞行时必须配备 EBS。这种情况在 2013 年得到改变,加拿大政府发布了修订《加拿大航空条例》的提案,要求在加拿大水域飞行的机上乘客都必须使用水下紧急呼吸器。该修订案于 2015 年 4 月发布(Government of Canada,2015)。

在 2009—2013 年,英国发生了多起直升机事故,民众的深度担忧促使英国民航局于 2013 年 9 月启动了安全审查(CAP 1145,CAA,2014a),得出的众多结论之一就是要求强制使用 EBS。采取的措施是规定英国海上航班乘客必须佩戴符合 CAP1034 技术标准"A"级规定的 EBS。唯一不作要求的情形是乘员坐在紧挨出口的位置或者直升机配备防彻底倾覆的漂浮设备。该措施的最终目的是给乘员们提供更好的逃生机会,于 2014 年 10 月开始接受适航指令管理(CAA,2014b),并于 2015 年 1 月对乘客生效。2016 年 4 月,该措施开始适用于包括直升机机组在内的所有乘员,并产生了两个重要的结果。第一个结果是英国海上行业部门开始使用压缩空气型 EBS 替代早前使用的混合循环呼吸系统,因为压缩空气型 EBS 具有佩戴速度快,而且在水下佩戴方便等优点。第二个结果是海上从业的直升机乘员使用EBS的建议被欧洲航空安全局(EASA)强制执行,并提出对《欧洲规则》中有关直升机海上工作人员条目的修正案(EASA,2014)。如果全球运营商应用新规则实施行动,这将对世界产生更大的影响。

8.3 设计

8.3.1 通则

直升机水下紧急呼吸系统的发展促使EBS分为两种主要设计类型：一种是压缩空气型EBS,按需供给可呼吸的空气;另一种是依赖肺里空气的循环呼吸型EBS。而混合型EBS是在循环呼吸型EBS的基础上另加一个压缩气瓶。每一种设计类型都具有不同的优点和缺点,因此终端用户必须根据特定使用条件进行评估以选择适合的EBS。

8.3.2 压缩空气型紧急呼吸系统

目前,市场上大多数压缩空气型EBS都使用空气作为可呼吸的气体。它们可以在水下10m或更深处使用,并设计为可在水下佩戴。使用者不需要在直升机倾覆前深呼吸,以延长水下使用时间(这是循环呼吸型EBS的主要缺点)。因此,这种EBS特别适合于直升机入水倾覆时立即使用(必须牢记,假如在水下使用,使用者依然必须先屏气直到戴上EBS设备,而且可能是在克服因倾覆而导致定向障碍之后)。

呼吸持续时间可以达到3~5min(Brooks,Tipton,2001),该时间与气瓶大小、使用条件、使用者控制呼吸的能力等有关。在最糟糕的情况下,例如,当使用者处在冷水中、高度紧张和呼吸急促的时候,一个气瓶可能只能坚持1min。由于气体是有限的,压缩空气型EBS不应该在倾覆时过早地启用。在温水或者呼吸平缓的条件下,同样的气体量可以坚持更长的时间。另外一个需要考虑的因素是在没有任何警告的情况下气体可能用完。因此,使用者必须知道处理这种情况的方法。

压缩空气型EBS的缺点是当快速上升时存在一定的肺气压伤风险(这是因压力变化过快或者过高引起)。气压伤是因为在上升过程中没有呼出的空气在肺内膨胀引起的。浅水中的风险等级很难定义。在使用压缩空气型EBS的军事HUET训练中还有一些因肺压过大出现问题的个案报告(Benton,Woodfine,Westwood,1996;Risberg,1997)。第一例是动脉气栓,第二例是纵膈气肿,这两个病例患者均完全恢复。然而,实践表明,使用压缩空气确实稍微增加肺气压伤的危险时,应该指出在屏气时也观察到一些类似的肺伤,可能是因为在水下发生局部的气管堵塞或者咳嗽引起的(Henckes,Arvieux,Cochard,Jézéquel,Arvieux,2011;Shah,Thomas,Gibb,2007)。另外还有一些耳部出现问题的报告(Risberg,1997;Coleshaw,2003)。不管是使用循环呼吸型还是压缩空气型EBS,耳朵或者鼻窦压力的变化都是相似的。气压伤只是训练中潜在的问题之一,相对于实际事故而言,其风险微不足道。

然而,大多数压缩空气型EBS的结构是相似的,一般都由气瓶、一级调节阀、需求阀(二级调节阀)和咬嘴组成,有些型号一二级调节阀非常近,而另外一些型号在两个调节阀之间连接一段软管。有软管EBS的优点是可将较沉的气瓶牢固地放在不妨碍肢体活动的方便位置上,使用者只需用牙齿承担咬嘴和软管的重量。如果咬嘴从口中掉出,但设备仍然被牢牢握住,使用者只需通过气瓶和软管找到咬嘴,再重新咬住即可。但是,如果牙齿咬不住无软管EBS,则整个设备存在丢失的风险,除非将设备连到身上。

总的来说,在考虑压缩空气型EBS的训练要求时必须谨慎。它们具有能够在水下迅速使用的优点,意味着会获得了广大用户群体的支持,众所周知其曾在多起军用直升机事故中挽救过生命(Brooks,Tipton,2001)。

8.3.3　循环呼吸型紧急呼吸系统

另一种类型设计是循环呼吸型EBS,它允许使用者从肺内循环呼吸空气,向呼吸袋内呼气并从中吸气。使用简易循环呼吸型EBS(不是后面要提到的混合型EBS)时,为了确保设备发挥最大的效能,使用者必须在头浸入水中之前深吸一口气;如果使用者没有时间完成深吸一口气的动作,那么循环呼吸型EBS的效能只能依靠使用者肺里的空气量,最坏的情况就是肺里没有空气向呼吸袋呼出。毫无疑问在这种情况下,循环呼吸型EBS无法为使用者提供有效帮助。因此,在直升机坠水后立即倾覆或浸没的事故中,简易循环呼吸型EBS的作用可能有限。

循环呼吸型EBS的使用时间受呼吸袋中二氧化碳浓度逐渐升高和氧气浓度逐渐降低的时间限制。当开始使用EBS时,这也将受到使用者肺内空气量的影响;在合理的初始呼吸下,可以通过呼吸袋再呼吸几分钟。循环呼吸型EBS的另外一个缺点是使用者在向呼吸袋里呼气的时候必须克服流体静压,水越深,呼气越困难。因此,循环呼吸型EBS工作深度为3~5m。流体静压不平衡,即肺和呼吸袋之间的压力差,取决于用户的身体姿态和呼吸袋的位置。当面朝下胸前佩戴呼吸袋时,使用者承受最大的呼吸阻力。只要呼吸阻力保持在一定范围内(Coleshaw,2013),可能引起一些不适,但在直升机水下逃生所需时间内是可以忍受的。

循环呼吸型EBS的结构原理通常是:使用者首先吸入空气;然后交替从呼吸袋内吸气、向呼吸袋内呼气。这意味着如果时间允许,循环呼吸型EBS可以提前使用,而在浸水之前迅速转换到使用呼吸袋呼吸。当不具备提前使用的条件时,循环呼吸系统的缺点之一是需要多花一点时间来准备。一些系统设计了自动转换功能(遇水启动),这种方法不需要额外的准备时间,但假如使用者在浸水之前没有咬住咬嘴的话,可能会导致呼吸袋进水。

8.3.4 混合型紧急呼吸系统

混合型 EBS 具有循环呼吸型 EBS 的基本组件,但是增加了一个装有压缩气体(空气)的小气瓶,可以在浸水时自动将空气排入呼吸袋。与简易的循环呼吸型 EBS 相比,混合型 EBS 的优点是使用者在浸水之前不需要进行深呼吸,小气瓶排出的气量相当于满肺的气容量。因此,该系统可以在使用者没有时间深呼吸的情况下发挥作用;在几乎没有预警和快速倾覆的直升机事故中,这将是一个很大的优势。额外的空气将增长使用时间,但与其他类型的 EBS 系统相比,这也增加了使用者的整体浮力,导致在逃生过程中产生一些小困难。但如果 EBS 系统功能正常的话,使用者有足够的时间克服这种浮力效应困难(见第 9 章关于逃生时浮力影响的有关内容)。

与压缩空气型 EBS 系统相似,当使用额外的压缩空气气瓶时,混合型 EBS 也存在肺气压伤的风险。不过这些风险可以通过训练使用不带配套气瓶的简易循环呼吸型 EBS 而避免。需要指出的是,如果采取这种措施,使用者必须了解训练装备和实际装备之间的差别。

8.4 紧急呼吸系统性能

8.4.1 通则

当选择 EBS 时,了解设备在作业环境中的性能是非常重要的,以确保设备有效运行、易于使用且没有可能增加风险等级的内在安全问题。

8.4.2 佩戴

对于任何应急使用的设备而言,简单且易用的设计或许是最重要的方面,当然对于 EBS 来说也是如此。如前所述,EBS 将在高应激情境下使用,也经常在极端环境条件下使用。在很多事故中,可能在没有任何预警的情况下发生直升机倾覆。在直升机浸水前几乎没有时间准备和佩戴 EBS 系统。在水下,使用者必须在屏气时间内完成佩戴。在冷水中,屏气时间通常少于 10s(Tipton 等,1995;Tipton,Vincent,1989)。尽管如此,在过去许多 EBS 技术规范都忽略了快速佩戴的需要。同样,训练课程往往仅关注水下呼吸训练而忽略了快速应急佩戴训练。

影响佩戴时间的因素包括设备袋不易打开、装得太紧拿不出来、安全绳解不开、咬嘴不易找到和鼻夹很难夹上等。实践中,需要简便快速地从设备袋中找到咬嘴并放入口中咬住。佩戴时,如果咬嘴丢失会导致EBS无法正常使用;在这种情况下,咬嘴必须易于找到。对于鼻夹的用处存在争论,有些人认为鼻夹没有用,还需要额外的佩戴时间;而有些人认为没有鼻夹则无法使用EBS,特别是在水中倒立时。因此需要指出的是,EBS系统最好还是提供一个鼻夹或者类似鼻塞的东西,至于是否使用,根据使用者自己的情况确定。有些人不需要为戴鼻夹而浪费宝贵的时间。半罩式面镜不但可以提供鼻塞,而且还可以改善水下的视觉(与鼻夹一样,佩戴半罩式面镜也需要花时间,最好在水上完成)。使用者必须熟悉EBS,并经过水下训练确定是否需要鼻塞。

水下佩戴比水上佩戴对使用者提出了更高的要求。虽然大多数方案的设计目标是限制咬嘴进水,其中有一些产品做得比较好,但总有一些需要清除的积水。压缩空气型EBS设计安装了一个清除按钮,可以通过供给气体把咬嘴中的水吹净。另外,使用者也可以向外呼气把水吹净,这种方法适用于循环呼吸型EBS。对于其他类型EBS来说,唯一的选择是咽下少量水。然而这种方法成功与否取决于咬嘴死腔容积和积水量。水下佩戴必须在个体应对冷休克反应的影响时,且最好在直升机倾覆导致定向障碍的情境下实施。在这种情况下,只有简单的设计才可能有良好的表现。

8.4.3 使用时间

一旦开始使用,有必要确保EBS在水下的使用时间得到显著延长。很多用户群都指定了最短使用时间。与此同时,建议还应明确可能的使用条件,如水温和水深,因为这些因素也将影响使用设备进行舒适呼吸的时间。在适合作业环境温度的冷水中进行测试也是重要的,因为冷休克将导致水下佩戴EBS更加困难,低水温将导致使用时间缩短,冷休克增加呼吸的频率和深度,空气将更快耗尽;不论是压缩空气型EBS,还是循环呼吸型EBS,肺泡通气量都将增加。

8.4.4 呼吸性能

为了保证EBS可以安全地使用,有必要测量设备的呼吸性能。众所周知,在冷水浸泡的前几分钟,冷休克会导致高速和深度的肺泡通气量(Tipton, Stubbs, Elliot,1991)。焦虑也可以改变呼吸模式,通过情绪反应进一步增加了肺泡通气量(Masaoka,Homma,1997,2001)。虽然已经证明使用EBS系统有一定的安抚作用(Barker等,1992),而且能够减小恐慌呼吸。但是确保EBS在高肺泡通气量的情况下令人满意地运行是十分重要的。

一种机械式呼吸模拟器可用来测量呼吸功和呼吸阻力,从而确保设备在可接受的安全限度内工作。与压缩空气型 EBS 相比,循环呼吸型 EBS 很可能产生更高的呼吸阻力。此外,呼吸模拟器可以在低水温下评估呼吸功,减少了将人体试验对象暴露在非常寒冷的水中的需要(如低于 10℃)。

8.4.5 兼容性和集成性

确保 EBS 与机载设备或者其他个体防护设备的兼容,而不削弱其性能是非常重要的(见第 9 章中关于抗浸服系统集成的详细讨论)。飞行员必须能够在没有妨碍或者不适的情况下执行正常的操作活动和应急职能。EBS 不能影响座椅安全带的固定和释放,在从小应急舱口逃生时,EBS 的任何部分都不应被卡住。如果 EBS 增加了浮力,那么有必要确保使用者仍能完成水下逃生。在批准使用前,通常需要评估服装系统的浮力,增加的浮力必须是因为需要合适的 EBS 所产生的。

通常,佩戴速度取决于 EBS 与基于直升机抗浸服和/或救生衣的个人生存系统集成性的好坏。必须在第一时间准确无误地找到 EBS,大多数 EBS 或其零部件通常储存在抗浸服或者救生衣的口袋内,如果口袋装得太紧,在掏出时可能会浪费宝贵的时间。

在任何个体防护装备中,单个性能指标都不能以牺牲其他性能指标为代价。因此,良好的集成性是必不可少的。

8.4.6 评估性能的技术标准

在撰写本章时,在 EBS 产品的审批方面还没有对产品的性能和安全性进行评估的技术标准。根据制造商的测试程序开发了不同的产品,大多数是与潜在的终端用户合作开发的。这导致很难比较和选择产品,因为没有建立最低性能标准。一些 EBS 设备的呼吸性能是根据潜水设备标准进行了评估,如 EN 250(CEN,2014)。但该标准和循环呼吸型潜水设备(如 EN 14143)均与直升机 EBS 无关。

2003 年,Coleshaw 代表英国民航局起草一个技术标准草案(Coleshaw,2003)。后来,该草案发展成为包括 CAP 1034 在内的完整技术标准(Coleshaw,2013)。经过大量的试验,提供了与各种 EBS 通用设计方案相关的性能数据(Barwood,Corbett,Coleshaw,Long,Tipton,2010;Coleshaw,2012,2013)。CAP 1034 所包含的标准涵盖了基本要求,包括水下机动、翻转倒扣和水下逃生时的佩戴速度和便捷性等。在 12℃ 水中对人体进行了冷水性能测试(符合常理),并在 4℃ 水中对产品进行了呼吸性能测试。

标准中定义了两个类型 EBS,其中 A 类设备可在水上和水下佩戴使用,而 B 类设备仅可在水上佩戴使用。A 类设备必须在冷水屏气极限内完成佩戴使用:要求在10s内完成咬嘴的佩戴,而佩戴EBS的全部时间不能超过12s,但允许有一点额外时间佩戴鼻夹或者其他鼻塞装置;B类设备的佩戴时间稍微长一点,但不能超过20s。

该标准已经提交给EASA,未来可能作为一部《欧洲技术标准规程》出版。

8.5 紧急呼吸系统使用训练

8.5.1 训练级别:水上还是水下

在使用紧急设备过程中训练量的大小是一个不确定的问题,特别是认为在现实条件下使用设备存在一定风险时更是如此。对于EBS而言,这种情况同样存在,使用EBS的好处是毋庸置疑的,但有时提供高逼真度的训练也会遇到阻力,可能是由于对训练课程中较困难内容的安全性存在担忧。

对于水上训练同样存在争议,因为在这种情况下仅能通过佩戴和呼吸EBS的训练来得到经验,而在真实紧急情况下EBS的使用训练依然是不足的。一些厂商已经开发出一些简便易用的EBS,并建议最低的训练要求是一份简令,可能还包括使用示范。这种方案对于使用者成功佩戴EBS系统,防止浸水后大量吸入水是有效的,但是学不到咬嘴密封方法,更学不到完成水下逃生过程的装备使用技能。

在水中学习使用EBS的第一个挑战就是克服人的自然本能,那就是屏气。身体告诉我们不要呼吸,因此需要克服这种本能反应。在使用循环呼吸型EBS时,下一个挑战是学习在水压下进行呼气。即使对于按需供给空气的压缩空气型EBS,在首次使用时,最初的呼吸也会经历不寻常的体验,使用者必须熟悉在水下呼吸。在水下几分钟后,使用者就可以获得自信,因此在水下训练的第一步是非常有价值的。这些经历也会暴露出一些问题,比如鼻夹夹不好、咬嘴封不严等问题以及少数人不舒服的呕吐反射。

虽然在水下学习使用EBS的基本技能可以通过头部埋入水中来实现,但这并不意味着已经获得了在实际紧急情况下使用的经验,特别是在水下机动时使用EBS的能力(转身时咬嘴容易掉落),在深水区水压增加的影响(特别是循环呼吸型EBS),及翻转倒扣的影响等。在SWET座椅的辅助下,通过浅水逃生训练可以获得一些经验。SWET座椅可以部分模拟直升机上的情境,这时将学员用安全带固定在座椅上,有时会有一个逃生舱口,但它无法模拟从直升机机舱逃生的情境。只有纳入UES训练,才能实现这一目标。在UES训练使用EBS将使学员练习从打开设备袋到佩戴的全套技能,熟悉EBS与座椅安全带的集成方式,并学习在通过紧急舱口逃生时操作设备的技能。在真实的事故中,如果个人期望按照正确的顺序并准确无误地完成所有动作,那么所有这些训练都是必要的。很多不确定因素都会导致动作失效乃至不能从直升机中逃离。然而,期望高逼真度训练就必须权衡任何实际的或可能遇到的风险。

总有一部分学员觉得在水里进行直升机安全训练很紧张(Coleshaw,2006;Harris, Coleshaw, MacKenzie, 1996; Robinson, Sünram-Lea, Leach, Owen-Lynch, 2008)。Coleshaw(2006)报告说,一些学员发现 EBS 使用训练(带循环呼吸装置)非常困难,但是那些在浅水逃生练习中对使用 EBS 有足够信心的学员发现,它减少了完成直升机水下逃生训练的焦虑。

Tipton 等(1997)进行了一项研究,让没有经验的受训者在水上和水下分别练习使用简易循环呼吸器和压缩空气呼吸器,得出的结论是通过水下训练可显著提高设备的使用性能,并指出:"这主要是因为该训练为个人适应新设备使用和直升机水下逃生的双重压力提供了机会。"Bohemier 等(1990)发现使用 EBS 能够帮助受训者从 UES 中较困难的逃生座位上出舱,以应对需要跨舱逃生的情境,从而提高了成功逃生的概率。

一些民用团体在引进 EBS 产品时,最初只进行了水上训练,一旦产品被整个行业部门接受,并集成到生存或应急反应训练中,就可以观察到向某种形式的水下训练进行过渡。

EBS 水下训练有国际民用训练标准(OPITO,2013),虽然军事机组人员经常使用压缩空气型 EBS 进行 UES 训练,但却不愿意在直升机模拟器中使用压缩空气对乘客进行训练。这在很大程度上归结为采取了风险降低措施,将轻微的气压伤风险降低到可以接受的程度。这些风险降低措施包括更严格体检和/或筛选、提供再压缩设备、合理的师生比以及采取措施确保学员明白在上升过程中必须呼气等。

8.5.2 训练频率

目前主要有两类职业群体使用 EBS:以直升机飞行为谋生手段的机组人员和以直升机为运输工具的海上油气行业工作人员。前一类人员包括军事机组人员和涉及海上行业的民航机组人员。机组人员基本上每天都在飞行,而直升机乘员在 2~3 周内可能仅仅乘机几小时。训练水平和训练频率往往反映出这种差异。通常,军事训练一般每 1~2 年复训一次,而民用海上救生训练每 3~4 年才复训一次。因此,许多人质疑民用训练复训频率太低的问题。EBS 使用训练通常与 HUET 一起开展,因此同样存在复训频率太低的问题。

Summers(1996)对 HUET 频率进行了调查,认为两年训练间隔太长,指出不经常训练程序性技能会迅速衰退。Mills,Muir(1999)指出,30%受训者在训练 6 个月后不能通过 HUET 考核。还需要进行更多研究来确定最佳的训练方法,以及保持知识与技能所需的最佳练习频率和类型。这可能包括在初始学习基本技能时需要额外的训练,更频繁的进修训练或者在进修实践训练课程间隙学习辅助技能保持的方法,如使用电子媒介进行学习。

8.5.3 训练逼真度

随着直升机安全和水下逃生训练多年来的发展,有人建议提高训练的逼真度(CAA,2014a;Mills,Muir,1999;Taber,2014;Wells,2010),使训练尽可能真实(详见第 7 章关于训练中逼真度的内容)。Kozey,McCabe,Jenkins(2006)证明那些接受过高逼真度 HUET 的学员,通过多次倒置练习,且所有练习都有合适舱口,在 6 个月后进行的水下倒置逃生试验中表现出最低的失败率。该研究认为训练中练习的次数越多,以后测试时知识和技能习得的水平就越高。如果该研究适用于 EBS 使用训练,那么作为逃生训练过程中不可分割的一部分,就应该在尽可能真实的条件下进行多次练习。

如果能够有效地完成训练,更真实的训练将有明显的好处,以期望个人能更好地应对现实事故。高逼真度训练必须对增加额外的风险和学员可能承受额外的压力进行权衡(见第 3 章和第 6 章中关于应激情境下决策和应对的进一步讨论)。Mills,Muir(1999)研究发现高逼真度训练会造成更大的压力,尽管学员在训练后更加自信。因此,在逼真度和心理影响之间也需要权衡,特别是考虑到大多数 EBS 用户在工作期间要接受多次应急反应训练,然而只有极少数人会经历实际直升机坠水撞击事故。

8.6 小结

本章对与 EBS 使用有关的问题进行了概述。从 1995 年起,EBS 产品已经有了显著的进步,而越来越多的军用和民用客户正在以某种形式携带 EBS,特别在寒冷气候环境下更是如此。直到现在,法规才开始落实,以确保直升机乘员配备 EBS。随着训练技术的改进和第一个 EBS 技术标准的颁布,为市场上的产品满足最低性能提供了保证。这些进步在很大程度上是由于认识到直升机事故中有太多的生命因淹溺而丧失,而使用 EBS 可能是拯救生命的一种手段。

参考文献

[1] AAIB (Air Accidents Investigation Branch). (1993). Report on the accident to AS 332L Super Puma, G-TIGH, near the Cormorant 'A' platform, East Shetland Basin, on 14 March 1992. Report no. 2/93. London: HMSO.

[2] AAIB (Air Accidents Investigation Branch). (1997). Report on the accident to Aerospatiale AS-

332L Super Puma, G-TIGK, in North Sea south west of Brae Alpha Platform on 19 January 1995. Report no. 2/1997. London: HMSO.

[3] AAIB (Air Accidents Investigation Branch). (2014). Report on the accidents to Eurocopter EC-225 LP Super Puma G-REDW 34 nm east of Aberdeen, Scotland on 10 May 2012 and G-CHCN 32 nm southwest of Sumburgh, Shetland Islands on 22 October. Report no. 2/2014. London: HMSO.

[4] AAIB/N (Aircraft Accident Investigation Board Norway). (1998). Air accident involving Eurocopter Super Puma 332L, LN-OBP, in the North Sea on 18 January 1996, approx. 40 nm South-West of Sola, Norway. Report 02/98. Lillestrøm: AAIB/N.

[5] Barker, C. O., Yacavone, D. W., Borowsky, M. S., & Williamson, D. W. (May 1992). Helicopter crash survival at sea-United States Navy/Marine Corps experience 1977 – 1990. In AGARD conference proceedings, Turkey.

[6] Barwood, M. J., Corbett, J., Coleshaw, S., Long, G., & Tipton, M. J. (2010). A comparison of the performance of emergency underwater breathing systems in cool and cold water. Aviation, Space, and Environmental Medicine, 81(11), 1002–1007.

[7] Benton, P. J., Woodfine, J. D., & Westwood, P. J. (1996). Arterial gas embolism following a 1-metre ascent during helicopter escape training: a case report. Aviation, Space, and Environmental Medicine, 67, 63–64.

[8] Bohemier, A., Chandler, P., & Gill, S. (1990). Emergency breathing system as an aid to egress from a downed flooded helicopter. Technical Report 108. Dartmouth: Canada Oil and Gas Lands Administration.

[9] Brooks, C. J. (1989). The human factors relating to escape and survival from helicopters ditching in water. RTO-AG-305E. Neuilly Sur Seine: AGARD, ISBN 92-835-0522-0.

[10] Brooks, C. J., MacDonald, C. V., Carroll, J., & Gibbs, P. N. G. (2010). Introduction of a compressed air breathing apparatus for the offshore oil and gas industry. Aviation, Space, and Environmental Medicine, 81, 683–687.

[11] Brooks, C. J., MacDonald, C. V., Donati, L., & Taber, M. J. (2008). Civilian helicopter accidents into water: analysis of 46 cases, 1979-2006. Aviation, Space, and Environmental Medicine, 79, 935–940.

[12] Brooks, C. J., Muir, H. C., & Gibbs, P. N. A. (March 1999). An initial investigation of passenger evacuation from the Super Puma helicopter. Survival Systems Report, submitted to Natural Resources Canada.

[13] Brooks, C. J., & Tipton, M. J. (2001). The requirements for an emergency breathing system (EBS) in over-water helicopter and fixed wing aircraft operations. RTO-AG-341. Neuilly Sur Seine: AGARD, ISBN 92-837-1058-4.

[14] CAA. (1995). Report of the Review of Helicopter Offshore Safety and Survival (RHOSS). CAP 641. London: Civil Aviation Authority.

[15] CAA. (2014a). Safety review of offshore public transport helicopter operations in support of the exploitation of oil and gas. CAP 1145. London: Civil Aviation Authority.

[16] CAA. (2014b). Civil Aviation Authority Safety Directive Number: SD-2014/002. London: Civil Aviation Authority.

[17] CEN. (2014). EN 250:2000 Respiratory equipment-Open-circuit self-contained compressed air diving apparatus-Requirements, testing, marking. Brussels: Comité Européen De Normalisation.

[18] Chen, C., Muller, M., & Fogarty, K. (1993). Rotorcraft ditchings and water related impacts that occurred from 1982 to 1989-Phase I. DOT/FAA/CT-92/13. Springfield, Virginia: Federal Aviation Administration.

[19] Cheung, S., D'Eon, N., & Brooks, C. J. (2001). Breath holding ability of offshore workers inadequate to ensure escape from ditched helicopters. Aviation, Space, and Environmental Medicine, 72(10), 912–918.

[20] Cheung, B., Hofer, K., Brooks, C. J., & Gibbs, P. (2000). Underwater disorientation as induced by two helicopter ditching devices. Aviation, Space, and Environmental Medicine, 71(9), 879–888.

[21] Clifford, W. S. (1996). Helicopter crashworthiness. Study I. A review of UK military and world civil helicopter water impacts over the period 1971–1992. CAA Paper 96005. London: Civil Aviation Authority.

[22] Coleshaw, S. R. K. (2003). Preliminary study of the implementation and use of emergency breathing systems. CAA Paper 2003/13. London: Civil Aviation Authority.

[23] Coleshaw, S. R. K. (2006). Stress levels associated with HUET: the implications of higher fidelity training using exits. Report SC 155; prepared on behalf of OPITO, Aberdeen. Retrieved from http://www.opito.com/library/documentlibrary/huet_stress_report.pdf.

[24] Coleshaw, S. R. K. (2012). Minimum performance requirements for helicopter emergency breathing systems. The Journal of Ocean Technology: Extreme Survival, 7(3), 60–73.

[25] Coleshaw, S. R. K. (2013). Development of a technical standard for emergency breathing systems. CAP 1034. London: Civil Aviation Authority.

[26] Coleshaw, S. R. K., & Howson, D. (October 1999). Escape from side-floating helicopters. In Paper presented at the Second International Helicopter Escape Seminar/Workshop, Billingham, UK.

[27] EASA. (2014). Helicopter offshore operations. Comment-Response Document (CRD) to NPA 2013–10. European Aviation Safety Agency-Rulemaking Directorate. Retrieved from https://easa.europa.eu/system/files/dfu/CRD%202013-10.pdf.

[28] Government of Canada. (April 22, 2015). Regulations Amending the Canadian Aviation Regulations (Parts I and VI-Offshore Operations). Canada Gazette, Part II Official Regulations, 149(8). Retrieved from http://www.gazette.gc.ca/rp-pr/p2/2015/2015-04-22/html/sor-dors84-eng.php.

[29] Gray, C. G., Thalmann, E. D., & Syklawer, R. (1981). US Coast Guard emergency underwater escape rebreather evaluation. Panama City, Florida: Navy Experimental Diving Unit. Report No 2–81.

[30] Harris, R. A., Coleshaw, S. R. K., & MacKenzie, I. G. (1996). Analysing stress in offshore survival course trainees. OTH 94 446. Sudbury: HSE Books.

[31] Hayes, P. A. (1991). The development and performance of underwater escape devices. Report to SCICAD Ltd. MSC 642060/0S5.

[32] Hayward, J. S., Hay, C., Matthews, B. R., Overweel, C. H., & Radford, D. D. (1984). Tempe-

rature effect on the human dive response in relation to cold water near drowning. Journal of Applied Physiology,56(1),202–206.

[33] Henckes,A. ,Arvieux,J. ,Cochard,G. ,Jézéquel,P. ,& Arvieux,C. C. (2011). Hemoptysis and pneumo-mediastinum after breath-hold diving in shallow water: a case report. Undersea & Hyperbaric Medicine,38(3),213–216.

[34] Jamieson,D. W. ,Armstrong,I. J. ,& Coleshaw,S. R. K. (2001). Helicopter ditching research-egress from side-floating helicopters. London: Civil Aviation Authority. CAA Paper 2001/10.

[35] Kozey,J. ,McCabe,J. ,& Jenkins,J. (2006). The effect of different training methods on egress performance from the modular egress training simulator. In Proceedings of the 44th Annual SAFE Symposium,Reno Nevada.

[36] Leach,J. (2004). Why people freeze in an emergency: temporal and cognitive constraints on survival responses. Aviation,Space,and Environmental Medicine,75(6),539–542.

[37] Masaoka,Y. ,& Homma,I. (1997). Anxiety and respiratory patterns: their relationship during mental stress and physical load. International Journal of Psychophysiology,27(2),153–159.

[38] Masaoka,Y. ,& Homma,I. (2001). The effect of anticipatory anxiety on breathing and metabolism in humans. Respiratory Physiology,128(2),171–177.

[39] Mills,A. M. ,& Muir,H. (1999). Development of a training standard for underwater survival. Cranfield University Report. Prepared for Shell Aircraft.

[40] Muir,H. (1999). Human behaviour in emergency situations. In Proceedings of Railtrack Conference: Putting people at the centre of a safer railway,London.

[41] Odum,W. T. (1963). Development of emergency breathing equipment. Panama City,Florida: US Navy Mine Defence Laboratory. Report 197.

[42] OLF. (2004). Recommended OLF guidelines relating to requirement specifications for survival suits for use on the Norwegian continental shelf. Stavanger,Norway: Norwegian Oil Industry Association.

[43] OPITO. (2013). Approved Standard. Basic offshore safety induction & emergency training, helicopter underwater escape training and further offshore emergency training. Retrieved from http:// www. opito. com/media/downloads/bosiet-huet-foet. pdf.

[44] Rice,E. V. ,& Greear,J. F. (1973). Underwater escape from helicopters. In Proceedings of the Survival and Flight Equipment Association Annual Symposium. Phoenix,Arizona,1973 (pp. 59–60).

[45] Risberg,J. (November 1997). Health risks associated with helicopter escape training. In Paper presented at the Helicopter Escape Seminar/Workshop. Billingham: Nutec.

[46] Robinson,S. J. ,Sünram-Lea,S. I. ,Leach,J. ,& Owen-Lynch,P. J. (2008). The effects of exposure to an acute naturalistic stressor on working memory, state anxiety and salivary cortisol concentrations. Stress,11(2),115–124.

[47] Helicopter Emergency Breathing Systems 173 Ryack,B. L. ,Luria,S. M. ,& Smith,P. F. (1986). Surviving helicopter crashes at sea: a review of studies of underwater egress from helicopters. Aviation,Space,and Environmental Medicine,57,603–609.

[48] Ryack,B. L. ,Smith,P. F. ,Champlin,S. M. ,& Noddin,E. M. (1977). The effectiveness of

escape hatch illumination as an aid to egress from a submerged helicopter: Final Report. Report No 857. Groton, Connecticut: Naval Submarine Research Laboratory.

[49] Shah, S., Thomas, S., & Gibb, E. (2007). Pneumomediastinum after shallow water diving. Journal of Emergency Medicine, 36(1), 76–77.

[50] Sowood, P. J. (1989). Breathing devices to aid escape from submerged helicopters; performance in cold water. RAF IAM Report No. 584. Farnborough: Institute of Aviation Medicine.

[51] Summers, F. (1996). Procedural skill decay and optimal retraining periods for helicopter underwater escape training. Willetton, Western Australia: IFAP.

[52] Taber, M. J. (2014). Simulation fidelity and contextual interference in helicopter underwater egress training: an analysis of training and retention of egress skills. Safety Science, 62, 271–278.

[53] Taber, M. J., & McCabe, J. (2009). The effect of emergency breathing systems during helicopter underwater escape training for land force troops. Safety Science, 47, 1129–1138.

[54] Tipton, M. J., Balmi, P. J., Bramham, E., Maddern, T. A., & Elliot, D. H. (1995). A simple emergency underwater breathing aid for helicopter escape. Aviation, Space, and Environmental Medicine, 66, 206–211.

[55] Tipton, M. J., Franks, C. M., Sage, B. A., & Redman, P. J. (1997). An examination of two emergency breathing aids for use during helicopter underwater escape. Aviation, Space, and Environmental Medicine, 68(10), 907–914.

[56] Tipton, M. J., Stubbs, D. A., & Elliot, D. H. (1991). Human initial responses to immersion in cold water at three temperatures and after hyperventilation. Journal of Applied Physiology, 70(1), 317–322.

[57] Tipton, M. J., & Vincent, M. J. (1989). Protection provided against the initial responses to cold immersion by a partial coverage wet suit. Aviation, Space, and Environmental Medicine, 60, 769–773.

[58] TSB (Transportation Safety Board of Canada). (2010). Main gearbox malfunction/collision with water Cougar Helicopters Inc. Sikorsky S-92a, C-GZCH St. John's, Newfoundland and Labrador, 35 Nm E 12 March 2009. Aviation Investigation Report A09A0016. Gatineau, Quebec: Transportation Safety Board.

[59] Wells, R. (2010). Offshore Helicopter Safety Inquiry, Canada-Newfoundland and Labrador. Volume 1, Report and Recommendations, Phase 1. St John's: Canada-Newfoundland and Labrador Offshore Petroleum Board. Retrieved from http://www.cnlopb.ca/pdfs/ohsi/ohsir_vol1.pdf.

第9章
直升机运输抗浸服

DanaH. Sweeney
加拿大新斯科舍省达特茅斯市　加拿大法尔克安全服务公司

9.1 引言

抗浸服通过降低冷休克的强度来保护穿着者免受冷水的伤害(Tipton, Vincent,1989),延迟低温症的来临(Power, Simoes-Re, Barwood, Tikuisis, Tipton, 2015;Sweeney,Ducharme,Farnworth,Prayal-Brown,Potter,2011),提供浮力并增加辨识度,同时保持足够的灵活性来执行重要的行动(Canada/Canadian General Standards Board CAN/CGSB-65.16-2005, CAN/CGSB-65.17-2012;International Standards Organization(ISO)15027-1)。抗浸服大致可分为弃机型抗浸服(AIS)和常穿型抗浸服。AIS在紧急情况下随时可用并能迅速穿戴,而常穿型抗浸服需要提前穿戴好,因为在紧急情况下没有时间和空间完成穿戴。直升机运输抗浸服(helicopter transportation suit,HTS)是一种常穿型抗浸服:①必须在正常飞行条件下提供适当的机动性和舒适性;②产品设计为有助于水下逃生(如在逃生时减少浮力);③在到达水面之后,必须提供足够的浮力;④必须与救生装备和附属设备有效地集成;⑤为冷水浸泡提供适当的热防护。

按照《联邦航空条例(FAR)》的要求,在直升机飞过温暖水域(如墨西哥湾)时,用于飞行的个体防护设备通常由常规飞行服和充气救生衣组成。当直升机在寒冷水域(如加拿大、英国北海分区、挪威、南澳大利亚和北极地区)上空飞行时,规定所有飞行员/机组人员以及乘客必须穿着常穿型抗浸服。

当直升机飞行需要配备HTS时,飞行员和乘客通常穿着不同的衣服。飞行过程中,飞行员忙于飞行操纵,要求有更多的机动性和灵活性,并且会产生稍多的代谢热量,约1.5代谢当量(Ducharme,2006;Faerevik,Reinertsen,1998),比休息时释放的当量略高。另外,飞行员通过驾驶舱的大窗户还要忍受强烈的太阳能辐射(Gaul,Mekjavic,1987;Taber,2010)。海上(油气行业)乘客在直升机上久坐不动,不会遇到像飞行员那样的热应激。虽然本章包含的很多概念适用于飞行员和乘客,但主要内容集中在乘客的 HTS。

很多关于抗浸服设计和性能的内容适用于所有类型抗浸服。读者可参考 Sweeney,Taber(2014)关于抗浸服设计注意事项的讨论,适用于所有用于冷水浸泡防护的干式抗浸服。作为该项工作的延伸,本章研究 HTS 系统的设计和标准,以建立在直升机上正常和应急使用抗浸服的标准。应当指出,本章并不讨论频繁使用 HTS 系统带来的维护问题,但是适当的维修对在冷水浸泡时保证热防护性能至关重要。

9.2 直升机运输抗浸服

国内外航空规则,如《加拿大航空条例(CAR)》和《联合航空条例(JAR)》要求乘客必须穿着 HTS。CAR 要求乘客在下列情况下穿着 HTS,①飞行区域水温低于 10℃;②飞行计划包括需要直升机携带救生船在水上飞行(CAR 第 602.63 条第 4、5 款)。与此类似,JAR-OPS 第 3.837 条第 1 款要求直升机在敌对海域抵岸飞行大于 10min 时,在下列情况下乘客必须穿着 HTS:①水温低于 10℃;②浸水人员的预计生存时间少于预计援救时间(假定无保护措施);③夜间飞行。

每年全球有数十万架直升机在飞行(仅墨西哥湾和北海海上地区的现有数据表明大约每年有 145000 架次)(Helicopter Safety Advisory Conference,2014;Oil & Gas,2011)。其中,许多架次(北海区域飞行)满足 JAR-OPS 中使用 HTS 的要求。在海上石油作业数据的基础上,Taber(2014)报告在 2000—2012 年,发生了 98 起直升机水上迫降/坠水撞击事故。根据这些水上迫降事故发生的地点,大约 25%的乘客曾经穿戴过 HTS。假设所有飞行都需要使用 HTS,但是由于水上迫降的概率很低,因此大多数使用 HTS 都是在正常飞行中。在飞行中穿戴 HTS 可防止潜在的冷水浸泡,有两种完全不同的批判性设计方案:一种方案是在逃生过程中提供足够的热防护和最小的服装浮力;另一种方案是在飞行过程中实现热舒适性与冷水浸泡时充分热防护之间的合理平衡。

下面详细地讨论这两种不同的设计方案以及在 HTS 设计中竞争的重点挑战。从抗浸服的设计、使用和测试开始详细讨论,然后再讨论具有操作和实际意义的问题。

9.2.1 直升机运输抗浸服的构造和穿戴

AIS 需要有简易调整尺寸的功能以及穿戴程序,便于在紧急情况下迅速分配和穿戴(Sweeney,Taber,2014)。理论上讲,HTS 并不存在这些相同的穿戴限制条件,因为在飞行前HTS都已经穿戴完毕。因此,CAN/CGSB-65.17-2012对HTS的穿戴时间没有要求。然而ISO 15027-1将HTS归类为可以在紧急情况下穿戴的常穿型抗浸服。因此,ISO 15027-1认可的HTS需要2min的穿戴时间(包括救生衣)。如果在飞行中需要穿戴HTS,应该在可获得帮助的受控环境中而绝不是在紧急情况下完成穿戴。图9.1是一款带有前开拉链以及面罩的HTS。在受控的出发前环境穿戴AIS可减少一些着装难度,这一点是至关重要的。

图9.1 带有前开拉链及面罩的隔热型HTS(集成了靴子和气囊,手套存储在手臂口袋里)

9.2.2 密封脖套

Sweeney,Potter(2010)研究表明,在大风浪条件下浸水时,带有合适密封脖套的抗浸服防水性能比带有密封面罩的同类抗浸服好近15倍。虽然带密封脖套表现出优越的防水性能,但同时也伴随着复杂的穿戴程序。根据法规和客户需求的多样性,HTS采用了各种不同的穿戴配置,以提高抗浸服的合体性、减小体积并确保有效集成到服装系统之中。

带有密封脖套的抗浸服拉链配置可以采用斜拉式,如图9.2(a)(b)所示,或者马蹄铁式,如图9.3(a)(b)所示,当然也可以采用其他配置形式。当使用这些拉链配置时,穿戴时需要先将密封脖套套过头顶,穿好服装并拉好密封拉链,以确保整体密封(假设有其他密封口,如手腕密封口,应松紧合适确保密封)。虽然很多用户使用带前斜拉式密封脖套拉链的HTS,但是飞行员和机组人员通常使用其他拉链样式,便于将专用设备使用和操控要求整合在一起。

(a)   (b)

图9.2 (a)典型的颈部和腕部带有密封套的非隔热型HTS,面罩存储在大腿外侧口袋里,手套在手臂口袋里,防水袜外要求穿鞋,还配备了一套满足TSO-C13f认证的可分离式救生衣和循环呼吸型EBS;(b)为图(a)去掉EBS的效果图,可以看见从右髋斜拉到左肩的密封拉链。

(a)   (b)

图9.3 (a)为带有马蹄铁式密封拉链和颈部密封套的隔热型HTS,面罩可提供二级面部密封,拉链手套提供手部防护,救生衣集成固定于服装上;(b)为戴好面罩和手套的效果图。

9.2.3 隔热结构

为了减少在冷水浸泡期间的热损失,HTS 通常采用集成的隔热衬里或多层衣服进行隔热。与 HTS 本身有浮力的隔热材料相比,多层隔热方式的浮力小,浮力主要来源于气囊。

多层隔热方式的优点是抗浸服更适应环境条件,通过改变内衣层数来调节隔热能力。例如,英国北海分区规定在夏季水温高于 10℃时需要穿着两层衣服,而在寒冷的月份,要求乘客在抗浸服内穿着三层衣服(图 9.4)。

图 9.4 英国海上油气公司为直升机乘客提供的关于 HTS 在冬季和夏季配套内层服装的指导信息

对于带有隔热性能的 HTS 来说,如果地区监管系统允许的话,在夏季和冬季可以配置不同的隔热层数。例如 CAN/CGSB-65.17-2012 标准,没有自由调整隔热层数的结构。因为不能自由调整隔热层数,所以加拿大认可的 HTS 必须在浸泡时提供至少 0.75clo 的隔热能力(见 5.22.2.1 节),这将增加 HTS 的最低浮力。相比之下,ISO 15027-1 标准将抗浸服隔热能力分为 4 类(表 9.1),为季节性隔热需求的变化提供热防护基准。

表 9.1　ISO 15027-1 规定的 4 个抗浸服隔热等级,
核心体温降至 34℃ 以下的预期时间　　　　　　　　　　单位:h

水温/℃	A(0.75clo)	B(0.50clo)	C(0.33clo)	D(0.20clo)
<5	6	2.5	1.5	1
5≤&<10	9	4.5	2.5	1.5
10≤&<15	15	7	4	2
>15	24	15.5	6	3

9.3　密封系统及附件

当穿好抗浸服后,大部分身体都能得到防护,此时防护好头和手就成了重要的考虑内容。带密封脖套的抗浸服可配置连体式或分离式面罩。分离式面罩通常存储在口袋里,可在逃生前或逃生后穿戴好。连体式面罩一般设计成在飞行中可以从头上摘下,但应始终放在近处,以便在紧急情况下能够快速穿戴。

如果允许乘客在飞行中解除服装密封,那么必须能将 HTS 迅速恢复到水密状态。有些抗浸服设计成在飞行中可以拉开拉链并摘下面罩。为了在浸水时保持 HTS 的热防护性能,关键是要在水上迫降前尽快实现完全水密状态。当制造商规定在飞行中可以解除 HTS 密封,那么 HTS 必须满足 CAN/CGSB-65.17-2012 和 ISO 15027 的认证要求,即抗浸服必须在 10s 内完成重新密封。而且重新密封过程必须是在就座并系好安全带的情况下完成。根据制造商的规定,有些 HTS 在飞行中不允许解除密封,即使可以很快完成密封。关于手部防护问题可参阅文献 Brooks(2003)或 Sweeney,Taber(2014)。

9.3.1　抗浸服号型

通常 AIS 系统有"小、中、大"3 个号型便于在紧急时选择使用(Sweeney,Taber,2014),而 HTS 有多个号型,如 XS、S、M、L、XL 等。通常,HTS 有 10~15 个或更多号型供使用者选择,从而保证尽可能合体。穿着合体的抗浸服对逃生非常重要,原因如下:①使包裹在抗浸服内的空气量减到最小(Leese,Norman,1979;详见随后的关于逃生浮力章节);②使抗浸服总体积减小,并提高个体的机动性和救生装备的集成性;③在正确密封的情况下,使浸水量减到最低。

实现服装合体的其他方法可能包括结构设计,如内悬挂/张紧系统,从而实现号型的定制化(图9.5)。弹性结构可以使服装伸展,以适应穿着者体型的变化,同时可以提高机动性。外层的压缩结构极大地减小包裹在抗浸服内的空气量(图9.6)。

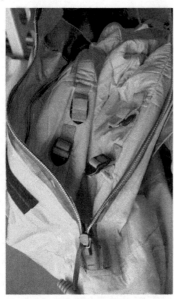

图9.5 隔热型HTS的内部悬吊带(可以调整抗浸服的大小并固定靴子)

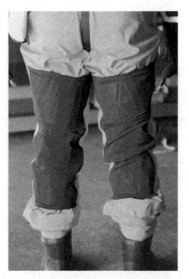

图9.6 抗浸服外层的弹性材料(使得体型较大者也可穿着号型略小的抗浸服,弹性材料能够压缩部织物,减小内部体积以及包裹的空气)

9.3.2 逃生浮力

所有主要的HTS标准都承认浮力对水下逃生产生潜在的影响。因此,逃生浮力(escape buoyancy, EB)是HTS的设计约束。CAN/CGSB-65.17-2012将EB定义为:"EB是指当从浸没倾覆的直升机中逃生时必须克服的服装系统的浮力。需要指出的是,EB包括系统固有的浮力和抗浸服包裹空气产生的浮力,但是不包括所配备的气囊产生的充气浮力。"从定义中可以看出,该标准中的EB不包括直升机直立浸水的情况。然而,如果直升机发生浸水,但是没有倾覆,HTS浮力会使乘员浮到直升机舱顶;而如果直升机发生了倾覆,浮力将使乘员困在座椅上。因此,在直升机水上迫降、倾覆、浸水事故中,过多的浮力可能增加逃生的困难(Brooks, 1988,1989; Brooks, Provencher, 1984; Kozey, Potter, Sweeney, 2011; Leese, Norman,

1979)。作为这种可能性的证据,Brooks,Muir,Gibbs(2001)指出抗浸服的浮力是在 METS 中训练水下逃生最常见的问题。

通过物理参考点和运动技术来学习控制浮力是 HUET 的重要内容(Bohemier,Brooks,Morton,Swain,1998;Brooks,1989)。直升机水下逃生可能受到水流运动、座椅位置(是否碰撞下移)(Taber,2013)、逃生动作(Coleshaw,2006)、舱口距离(Brooks,Bohemier,1997;Taber,2014)、安全带释放机构(Brooks,1989)、所需的舱口抛放动作(Brooks,Bohemier,1997)、直升机位置(Taber,McCabe,2007)、水温以及时间(Taber,McCabe,2006)等因素的影响(见第 7 章)。当这些因素与物理环境相叠加时,过多的 EB 可能进一步复杂化逃生所需的行动。虽然总体浮力对水下逃生的影响是一个值得关注的问题,但对此很少有专门的研究(Brooks,1988;Brooks,Provencher,1984;Kozey 等,2011)。Gagnon,McDonald,Pretorius,Giesbrecht(2012)对车辆水下逃生时浮力的影响进行了相关的研究。结果表明逃生难度随浮力增加而增加,但是在使用浮力小于 156N 的充气救生衣时,浮力还没有成为影响逃生的主要因素(McDonald,Giesbrecht,2013)。表 9.2 列出了救生装备中常用浮力值换算。

表 9.2 海空救生装备中常用浮力值换算

牛/N	4.4482	70	100	147	150	156	175	275
磅力/lbf	1.00	15.74	22.48	33.05	33.72	35.07	39.34	61.82

第一个研究浮力对水下逃生影响的是 Brooks,Provencher(1984)。在研究中,试验者穿着各种不同浮力水平的抗浸服完成模拟水下逃生,最大浮力为 267N。任务一是要求有经验的潜水员在灌水机舱中从座椅到敞开窗口之间完成 2.4m 潜水。任务二是要求潜水员和非潜水员屏气完成 3m 潜水,取回 0.5kg 物资,然后穿过敞开窗口,取回第二个 0.5kg 物资,最后返回水面。Brooks,Provencher(1984)发现当潜水员穿着浮力为 120~191N 的抗浸服时,开始报告完成任务出现困难,当浮力为 160~254N 之间时,有些受试者无法完成任务。在 3m 潜水任务中,当潜水员穿着浮力为 133~218N 的抗浸服时,开始报告完成任务出现困难,当浮力为 173~267N 之间时,有些受试者无法完成任务。对于非潜水员而言,当穿着浮力为 76~138N 的抗浸服时,在水池内很难完成潜水任务,当浮力在 98~178N 之间时,出现了任务失败。Brooks,Provencher(1984)的研究结果如表 9.3 所列。

表 9.3 泳池潜水结果

人员——活动任务	出现困难	任务失败
潜水员——灌水机舱	120~191N	160~254N
潜水员——3m 潜水	133~218N	173~267N
非潜水员——3m 潜水	76~138N	98~178N

Brooks,Provencher(1984)的研究结果为了解浮力对水下逃生时活动能力的影响提供了第一个信息。Brooks(1988)通过直接研究倒扣直升机水下逃生时浮力的影响提高了研究的专业性。第二次研究的结果建立了HTS系统不能超过的最大浮力标准,并成为加拿大CAN/CGSB-65.17-M88标准。Brooks(1988)让参与者穿着不同浮力大小的抗浸服在UES中进行水下逃生试验,并根据试验结果确定,当所穿抗浸服的浮力大约在147N(33 lb)时,完成逃生任务就有明显的困难。1999年,修订后的加拿大HTS标准(CAN/CGSB-65.17-99)将EB上限提高到175N(Brooks,2003)。

在1999年之前,加拿大AIS对浮力的最低要求为156N(CAN/CGSB-65.16-M89),而HTS对逃生浮力的最低要求为147N,这会导致同一抗浸服不可能满足两个标准(CORD,1995)。在证实AIS最低安全浮力可以更改为70N之后(Potter,O'Neill,Brooks,2003),相应的变化在CAN/CGSB-65.16-2005中得到实施。进一步提高了同一抗浸服同时满足加拿大AIS和HTS标准的可能。2005年,加拿大标准中AIS和HTS在最低和最高浮力之间有105N的差距。

直到Kozey等(2011)针对浮力和水下逃生之间的关系进行了一项三阶段研究,才完成了EB增加对逃生影响的评估。直至目前,这个三阶段研究是对EB影响直升机水下逃生做出的最全面具体的研究。

在第一个阶段,Kozey等(2011)对41名参与者(32名男性和9名女性)进行了总浮力测量,测试场景设置为直立浸水、穿戴HTS坐在座位上(CAN/CGSB-65.17-99方法)。每名参与者穿着两种不同的HTS进行测试,一种号型合适,而另一种号型过大。为了研究实际情况,每次试验都是在所有空气排尽和"刚密封"的条件下进行测试,"刚密封"就是穿着后没有故意挤出抗浸服内包裹的空气。号型过大试验代表了加拿大HTS的标准试穿程序,该程序基于对高度和重量的视觉估计(TSB,2010),允许乘客为改善灵活性而"加大"其抗浸服号型(TSB,2010)。研究发现,在各种体型下,与过大号型HTS相比,穿着合适号型HTS可将总浮力降低(7±23)N。在加拿大,穿着过大号型HTS已经不可能出现,因为所有乘客都应使用制造商指定的标准和测试来查找合适号型的HTS(如汉森防护服HTS-1号型指南)。一旦乘客确定适合的号型,则只能为其配发该号型HTS。

在第二阶段,53名参与者(40名男性和13名女性)按体型分成若干组,每组分配了不同的浮力值(111N、134N、156N、178N、201N和223N)进行测试。参与者完成3项水下逃生相关的任务:①在浅水区浸水沉没,然后转动手柄抛放舱口,并穿过模拟的直升机舱口;②潜水到1.8m深度,并取回1个水下目标;③在水下倒扣状态下,沿3.5m导轨移动到舱口,然后从舱口逃离METS™。

试验结果显示,在任务1中,转动手柄出现3次失败;4人没有穿过模拟的直升机窗口。在任务2中,70%的参与者不能从1.8m深度取回漂浮目标;在任务3中,111N组的逃生时间明显比201N组短(分别为10s和15s)。虽然浮力的大小显著影响了逃生所需要的时间,但是并没有对逃生成功率带来影响。需要指出的是,增加一点水下逃生时间都可能是致命的,特别是在冷水中,因为冷水屏气时间会显著减少(Barwood,Dalzell,Datta,Thelwell,Tipton,2006;Jay,White,2006;Taber,MacKinnon,Power,Walker,2015)。从这些结果可以看出,因为逃生所需时间增加,浮力大于178N后逃生就会出现问题。此外,即使乘客穿着附加浮力很小的抗浸服也不能自由潜水到出口。

在第三阶段,48名参与者(39名男性和9名女性)在METS^{TM}里倒扣时完成一系列逃生动作。在最后一个阶段,3组参与者的体型保持平衡,分配浮力分别为134N、178N和223N。有趣的是,这3组的逃生时间并没有显著的差异。在223N浮力组中,两名体型较小的女性退出试验,原因是浮力过大而无法在UES中完成必要的动作。她们自愿退出试验表明,在某些情况下,浮力会造成逃生困难,或引发恐慌,从而导致无法成功逃生。幸运的是,实际上体型较小的乘客不会穿着浮力大于223N的HTS(除了救生衣意外膨胀问题)。

当评价Kozey等(2011)的第三阶段结果时,必须考虑其他一些问题。这项测试是在一个平静的水池中完成的,并且在完成逃生任务前不久,向参与者精心传授了水下运动、倒置运动和逃生操作等技术。如上所述,在迫降后可能有很多客观条件会妨碍逃生。这样的条件大大增加了控制浮力总量的难度,并导致物理参考点的缺失,从而降低找到或到达可用逃生出口的能力。

9.4 逃生技能保持和逃生浮力

Mills,Muir(1999)指出,在间隔短短的6个月后,水下运动的准确性和效率出现了退化。Brooks,Provencher(1984)发现专业潜水员比非潜水员更擅长完成逃生任务,建议在潜水员训练和开展经验性工作时,穿着浮力防护装置有利于完成预定的水下任务。因为穿着浮力装置时很少暴露于水下环境中,因此可以合理地预计,用户对HTS浮力装置的管控能力会下降,这类似于Mills,Muir(1999)指出的技能退化。有趣的是,CAN/CGSB-65.17-2012标准要求参与者没有任何HTS使用经验,而且至少在两年内没有进行过HUET。然而,加拿大要求海上工人HUET的复训时间是3年(CAPP,2013),2013版OPITO标准的复训时间是4年(见第2章)。

9.5 逃生浮力测试方法

主要的HTS标准都提到了EB,如CAN/CGSB-65.17、欧洲航空安全局/欧洲技术标准规程(EASA/ETSO)2C503、ISO 15027-1和挪威094标准。然而,考虑到挪威094标准和EASA/ETSO的2C503标准都规定ISO-15027-3标准中列出的EB测试方法,所以实际上只有两种EB测试方法。

9.5.1 加拿大测试标准

自从1988年颁布第1版CAN/CGSB-65.17标准以来,加拿大始终对EB进行严格的测试,随着测试标准版本的进步,这些测试方法已经提高了直升机水上迫降的真实度。CAN/CGSB-65.17(M88和M99)早期版本使用的EB测试方法要求在直立就座位置浸水15s期间测量浮力。在每次浸水前,参与者需要解开抗浸服并重新密封,并不需要进入水中。该测试模拟参与者刚穿好抗浸服登上直升机或者在飞行中解开抗浸服密封的情境。在15s浸水测试中,参与者抱紧防撞5s,然后直立就座10s,允许排出抗浸服中包裹的空气(该程序适用于常见的两点安全带直升机)。人们发现,直立就座位置浸水15s过程与倒扣浸水位置的浮力测量数据有相当好的相关性(Brooks,1988)。

9.5.2 国际通用测试标准

ISO 15027-3标准(3.11.7.2节)的测试方法要求参与者穿着标准测试服和HTS(不是充气救生衣)直立浸水15s。这样测试是有问题的,因为救生衣的小格里会包裹空气,而且安全带也限制了抗浸服内空气的流动,可能会减少空气的逸出量。如果抗浸服没有自动减压阀,那么在测量前必须手动排出(挤出)空气。通常,挤出抗浸服内空气的方法是先撑开脖套或者面罩上的密封套,同时下蹲,挤出尽可能多的空气,然后松开密封套完成排气。ISO 15027标准的EB测试方法是假设抗浸服穿着后不会意外或者故意引入空气。但是,对于乘客而言,为了暂时的舒适解开脖子上的密封套是很常见的现象。最后,在直立位置进行测试,而不会限制抗浸服内的空气流动,因为就座并系好安全带时才会发生这种限制。ISO认证体系中的最大浮力不能超过150N。

9.5.3 逃生浮力的现实影响

2009年,当一架直升机在加拿大大西洋地区发生迫降死亡事故之后(TSB,2010),加拿大选择改写在倒扣UES中的EB测试方法。该方法是基于45%~70%的直升机迫降会立即发生翻转的客观事实(Brooks,MacDonald,Donati,Taber,2008;Taber,2014;Taber,McCabe,2006)。在直立坐姿或者垂直位置进行EB测试时,抗浸服内包裹的空气会被挤到颈部区域,可以通过面部或者颈部的密封套或者抗浸服上部的阀门逸出15s。而在完全倒扣状态下,参与者四点安全带固定就座,保持抱紧防撞姿势,此时测试 EB 最符合现实情况(图 9.7),测试中防撞姿势需要保持 5s 再放松。

图 9.7　在 EB 测试中使用符合 CAN/CGSB-65.17-2012 标准的四点固定倒扣防撞姿势

在动态翻转的最初几秒内,空气能从抗浸服的上部强制排出,但是当参与者转过 90°,空气就会开始向脚部移动,除非有其他排气方法,否则空气将滞留在那里。将倒扣 EB 测试纳入国家标准,可能会导致 HTS 设计系统发生创新性的变化,以消除或减少倒扣时滞留的空气量。

9.6　逃生浮力的其他影响

9.6.1　热防护

除浮力以外,EB 还对 HTS 设计的其他方面也提出了挑战,如热防护。隔热材料的效能取决于其包裹空气的能力,但这又与 EB 最小化相矛盾。根据参考的 HTS 标准中热保护要求,在满足 EB 要求的同时提供充足的隔热和热防护能力,这对设计者而言是一个相对大的挑战。对于直升机乘客来说,近乎完美的浮力状态是在逃生过程中具有最小的正浮力(Leese,Norman,1979),而在逃出后具有很高的隔热和漂浮能力。

抗浸服的热防护能力取决于作业环境的气温和水温以及预计的救援时间。抗浸服 EB 标准应满足在 0~2℃冷水浸泡 6h 后,核心温度下降不超过 2℃(ISO 15027 标准 A 类要求),这比一般抗浸服的热防护要求高很多。比如,EASA/ETSO 的 2C503 标准要求直升机抗浸服至少满足 ISO 15027 标准 B 类要求,而 CAN/CGSB-65.17-2012 要求满足相应的 ISO 15027 标准 A 类要求。尽管在高隔热的抗浸服中保持 EB 最小化更具挑战性,但加拿大标准中的 EB 阈值更高,在一定程度上减轻了挑战性。

9.6.2 水浸入

对所有的抗浸服来说,另一个主要问题则是水浸入(Sweeney,Taber,2014)。当抗浸服发生水浸入时,隔热材料里的空气会被水代替,从而导致其隔热性能降低(Allen,1984;CORD,1987;Tipton,Balmi,1996)。因为需要更多的隔热材料来满足最低的热量需求,这就更难满足 EB 的限制要求。当水浸透抗浸服时,就会完全置换纤维中的空气,隔热性能大大降低(CORD,1987;Hall,Polte,1956;Light,Avery,Grieve,1987)。

虽然脖套可以有效防止水浸入抗浸服内(Sweeney,Potter,2010;Sweeney,Potter,Durnford,2008),但是不如面罩密封套那样能有效地阻止抗浸服内的空气逃逸,特别是在直立四点安全带防撞姿势下更是如此。同时,如果在脖套外戴上面罩,会进一步阻止空气从脖套处逃逸。Brooks(1988)通过观察在两点安全带防撞姿势下的情形(图 9.8),发现当拉伸颈后脖套后,在水中浸没过程中脖套内的气压升高,空气就通过脖套间隙处排出。

图 9.8 Brooks(1989)推荐的用于两点安全带直升机的防撞姿势(被 Brooks(1988)用于 EB 测试)

9.6.3 设备集成和钩挂

通常，HTS 为冷水浸泡用户配备很多用于救生的附件。一套相对标准的 HTS 救生附件包括救生衣、手套、面罩(如果要求)、紧急呼吸系统、个人定位信标、闪光标位器、伙伴绳、口哨和防雨篷等。其他附件还包括护目镜和/或鼻塞等。HTS 设计中的关键考虑因素是用户在空中和水里都能看见附件(在光线昏暗环境下标识易辨识,如图 9.9 所示),易于取用(最好任意一只手都方便),设计成双手不灵活时也能使用,如戴手套或者冻手(MacKinnon,Mallam,2010)。在设计系统时,确保抗浸服及其附件在逃生过程中产生的钩挂风险最低是非常重要的。所有附件必须牢固定位,放置时尽量减小体积和保持机动性。

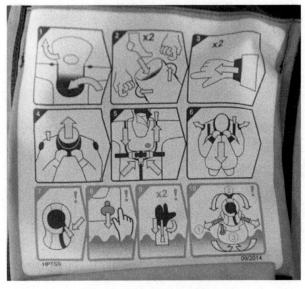

图 9.9　HTS 使用指南图示

9.6.4 伙伴绳

传统上,抗浸服和 HTS 上的伙伴绳使用尾部带弹簧钩的细绳。然而,如果弹簧钩挂到物体,那么几乎不可能解开伙伴绳,特别是在波涛汹涌的大海里双手冰冻或者戴保温手套时。加拿大在 CAN/CGSB-65.17-2012 标准中对伙伴绳的要求进行了修正,强制要求伙伴绳必须要有一个触手可及且易于操作的快速释放机构,以便在够不到或者打不开弹簧钩时快速断开连接点(图 9.10)。相比之下,CAN/

CGSB-65.16-2005 标准规定伙伴绳长 1~2m,带有安全钩,断裂强度为 400~1340N,而 ISO 15027-1 标准规定的断裂强度仅为 750N。上述标准对抗浸服要求的拉断力量是如此之高,除非可以成功解开弹簧钩,否则不可能断开伙伴绳。

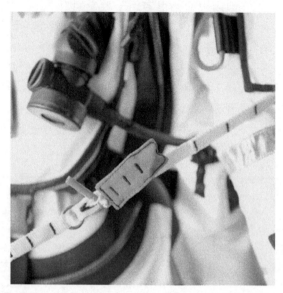

图 9.10　处于绷紧或弹簧钩失效时,伙伴绳快速释放机构能够保证断开连接点

9.6.5　紧急呼吸系统

紧急呼吸系统(包括压缩空气型和循环呼吸型)应固定到抗浸服上,以便在紧急情况下方便使用咬嘴(见第 8 章)。气压表和开关旋钮应易于识别,整体外形应最小化设计,防止在直升机机舱内或者在舱口逃生时钩挂突出物。

9.7　钩挂测试方法

ISO 15027-3、CAN/CGSB-65.17-2012 和 EASA/ETSO2C503 标准要求进行专门的 HTS 测试,以识别可能阻碍逃生的潜在钩挂问题。CAN/CGSB-65.17-2012 标准钩挂测试要求:在有资格的 HUET 教员观察下,每个测试对象要从过道座位上通过 460mm×550mm 窗口(西科斯基公司 S92 型直升机推出式乘客窗口的尺寸)完成 3 次水下逃生。这 3 次 HUET 翻转作业分别在旋转约 45°、180°和 225°时完成,以便评估在不同的翻转角度下是否有抗浸服部件脱落或者产生钩挂危险。通过翻转到不同角度来模拟漂浮系统受损或者只有一侧漂浮系统起作用的情境(Jamieson,

Armstrong,Coleshaw,2001),当人从不同的方向通过出口时就可以评估这些附件脱落的趋势。有资格的 HUET 教员视频记录和观察翻转过程,每名参与者在完成每次翻转后还要回答调查问卷,以便查明妨碍出舱的钩挂或障碍。

相比而言,ISO 15027-1 标准中的钩挂测试需要 1 名大体型测试者,最好具有第 95 百分位的双三角肌宽度(该人体测量维度的人群还未定义;但是,测量最好基于代表该地区和劳动力的人群),穿着全套抗浸服及其附件去完成 1 次单人逃生。逃生出口大小为 420mm×660mm,上沿位于水上,而下沿位于水下 300mm。在测试过程中,抗浸服没有出现任何钩挂危险的重大问题。除了必须从 430mm×355mm 窗口逃生外,EASA 授权要求所有参加测试的人员必须通过 ISO 15027-3 标准测试方法。

CAN/CGSB-65.17-2012 和 ISO 15027-3 标准都对钩挂测试的出口尺寸做出了定义,而 EASA 给 HTS 授权的出口尺寸要小于 IV 类出口(适航规则的定义,详见第 7 章有关物理逼真度的信息),但没有解释出口尺寸选择的原因。EASA 还规定至少有一名参与者的肩宽必须达到 500mm,该规定目前已经过时,因为英国民航局不再允许肩宽大于 559mm 的乘客(被认为是超宽乘客类别)坐在小于 IV 类紧急出口的旁边(CAA,2014;Step Change in Safety,2014)。

9.8 标准的重要性

正如 Sweeney,Taber(2014)所描述,抗浸服的设计受很多变量和性能指标的影响,包括法规引用的抗浸服标准。抗浸服标准定义了最低性能要求及其确定性能水平的方法。这些标准是在涉及直升机乘客安全的利益相关方(监管机构、行业部门、制造商和终端用户)的集体智慧基础上制定的。通过有效的标准编写技术(ISO、CGSB、ETSO 等)使测试方法成为一套平衡的性能准则,以反映作业要求和利益相关方的安全理念。这个过程对按照特定标准开发的抗浸服有着关键的影响,作为各个方面性能的测试方法指导产品的设计并建立最终的性能指标。

例如,如果开发的 HTS 系统通过 CAN/CGSB-65.17-99 标准的 EB 测试,然后再接受 CAN/CGSB-65.17-2012 标准的测试方法,或许可以观测到抗浸服非常不同的性能水平。在设计 HTS 时,如果在直立就座浸泡 15s 时具有良好的排气特性,那么在倒扣就座浸泡时就无法正常发挥其排气性能,反之亦然。这个例子表明,在评价任何抗浸服系统的性能时,至关重要的一点是要理解该系统认证时使用的标准测试方法。

9.9 热舒适性和情境意识

为了在冷水浸泡期间提供足够的热防护,高隔热性能是十分必要的,但会增加飞行中的热应激。Faerevik,Reinertsen(1998)报告指出,在穿着 HTS 的条件下,当座舱温度仅为 18.9℃ 时,人的表皮温度开始上升。随着表皮温度上升并且开始出汗时,抗浸服内的湿度也上升。在抗浸服内的微环境里,极少存在干燥的热传递(传导、对流和辐射),因为这些传热路径取决于从温暖皮肤到凉爽周围环境之间的温度梯度。因此,在抗浸服里面,散热的唯一渠道就是蒸发。而蒸发要求周围环境比皮肤有更低的蒸汽压(不那么潮湿)。随着抗浸服内部湿度的增加,基本上所有的散热路径都是无效的,这时会出现所谓的不可补偿热应激状态(Cheung,McLellan,Tenaglia,2000)。人们试图减轻不可补偿热应激状态(Ducharme,2006;Faerevik,Reinertsen,1998;Taber,Dies,Cheung,2011),许多 HTS 系统使用防水透气织物进行蒸发冷却,或者将头部暴露散热并在紧急时戴上分离式面罩。另外,还有一些 HTS 号型可以在飞行中解开拉链来通风降温。

据报道,防水透气织物的蒸汽传输率不到 $200g/h/m^2$(Holmes,2000),而休息时出汗率可高达 $246g/h/m^2$(不包括头和手,因为它们通常露在 HTS 外面——出汗率来自 Taylor,Machado-Moreira,2013 计算结果)。另外,Sullivan,Mekjavik,Kakitsuba(1987)指出防水透气织物材质 HTS 的空气交换量低于 30mL/min(1.8L/h),不能满足通风、除湿和散热的要求。这种差异造成了 HTS 内部湿度增加,当抗浸服内衬加入了不透水材料(如泡沫)后,水蒸气向透气膜的运动进一步减缓,问题进一步严重。不管怎样,在 Gaul,Mekjavic(1987)的调查研究中,受访者指出 HTS 系统中的透气织物显著地改善了热舒适评级,减少了出汗,也减少了隔热材料的湿度。

直升机乘客并没有与机组人员相同的身体素质要求。在飞行中,乘客是被动参与者,除非发生紧急状况才必须准备紧急逃生。有关 HTS 对舒适性和性能的影响研究已经在飞行员和军事机组中进行,要求穿着 HTS 驾驶直升机并保持任务警觉性(Ducharme,2006;Faerevik,Reinertsen,1998)。Faerevik,Reinertsen(2003)发现环境温度为 40℃ 时会引起高级别的热应激(表现为直肠核心温度、皮肤温度、心率和身体水分流失的增加),同时,在这样的高温环境下,执行任务的警觉性显著降低。

Taber 等(2011)观察到乘客的直肠温度平静变化仅为 0.08℃,而对紧急通告的反应能力和完成直升机逃生任务的能力并没有下降。这个数据是在乘客穿着 CAN/CGSB-65.17-99 标准认证的抗浸服(拉链拉到胸口位置并解开面罩)暴露于 34℃ 环境下 90 分钟后观测得到的。这可能是因为受试的乘客期望接到紧急通告,意识水平可能存在偏差,导致在心理上演练应急程序比正常飞行条件下还要多。

当前,并不知道乘客在飞行中遇到意想不到的紧急通告或者指示时将如何反应,当乘客的训练已经过期,那么真正的威胁压力会激发强烈的交感神经系统反应(战斗、逃跑、冻结等反应)(Leach,2004,第 3 章),而交感神经系统反应包括心跳加速、呼吸急促、血压增高、脑灌注增高等(Leach,1994;Everly,Lating,2013)。

Faerevik,Reinertsen(2003)确实指出在基本反应测试中核心温度升高和错误反应数量之间存在显著的相关性。然而,Taber 等(2011)的结果表明,即使热舒适和热感觉显著提高,但在飞行 90min 后并未出现生理热应变,而且正确应对紧急告警的能力也没有下降。

即使直升机飞行中潜在的炎热和不舒服的环境不会造成心理和认知障碍,但由于高温而导致出汗会降低抗浸服的隔热性能。在 Faerevik,Reinertsen(2003)的研究中,参与者在 40℃ 环境中仅 15min 就开始流汗,在 110min 之后,抗浸服内层和中层就湿透了。Taber 等(2011)报告在 34℃ 环境中 90min 后的平均流汗量为 0.11kg。这些结果表明在温暖条件下经过中等距离的飞行后,抗浸服内层会明显变湿,隔热性能降低。即使生理上的热应激不会诱导到认知功能衰退的程度,也应降低直升机乘员的热应激,以提高舒适性和减少出汗,这是在入水过程中保持热防护的一个重要方面,而且还应在运输过程中改善乘客的情绪和舒适度。

9.10 对直升机乘客的浮力要求

为了尽量减小浮力并满足直升机水下逃生的 EB 要求,HTS 所使用的浮力设备总是以压缩二氧化碳手动充气为主,以及人工吹气作为备份。在水下逃生后,可在水面上给救生衣充气,以增加气道干舷(水面和气道之间的距离),并改善穿用者的漂浮姿势。

HTS 系统对救生衣的要求根植于区域航空条例和适航条例。许多国家引用这些条例(如 FAR、CAR 和 JAR),来规定在何种飞行环境下必须穿着救生衣,以及在何种条件下需要 HTS 系统进行热防护。

2014 年 2 月,美国联邦航空管理局(FAA)发布了商用直升机水上作业的指导方针(《美国联邦法规》第 14 篇第 1 章第 135 节第 168 条),规定在离岸距离超过直升机自转飞行距离时乘员必须穿着《技术标准规程(TSO)-C13f》认证的救生衣。但是在 FAR 中并没有提到 HTS 的使用,这可能是因为美国商用直升机在寒冷水域上空飞行不像在更寒冷的国家和地区那样常见。CAR 和 JAR 都规定了直升机乘客必须穿 HTS 的时机(CAR 602.63、JAR-OPS 3.837)。当相关条例规定使用 HTS 系统时,所引用的 HTS 标准应定义该系统的漂浮性能。

当相关航空条例要求乘客必须穿救生衣时,通常将认证的充气式救生衣和 HTS 匹配来满足要求(图 9.1)。在加拿大,充气浮力单元(非单独的定型救生衣)

是根据 TSO-C13f 救生衣标准制造并集成到 HTS 系统上(图 9.1 和图 9.3)。对这种做法的告诫是,即使所有的浮力单元按照相同的标准制造,集成到 HTS 上的浮力单元也不能满足 TSO-C13f 标准的所有要求,因为该标准规定了设备必须适合和支持身体等诸多方面。因此,当采用非 TSO-C13f 标准浮力单元集成 HTS 时,即使乘客已穿着这种高级抗浸服,飞机运营商或许也需要为每位乘客配备标准认证的救生衣。

TSO-C13f 和 ETSO-C13f 的救生衣标准需要对材料特性(如拉伸和撕裂强度)、结构强度(接缝强度)、冷热暴露后的功能性、浮力保持、充气机构操作力、穿着特性和漂浮姿态等指标进行大量测试。在批准定型后,获 TSO/ETSO-C13f 认证的救生衣必须经过测试才能作为 HTS 系统的部件,以确保达到 HTS 标准中规定的要求性能。

9.10.1 漂浮性能

获 TSO-C13 或 ETSO-C13 认证的 HTS 系统并非总是具有最佳的漂浮性能(Armstrong,Bennett-Smith,Coleshaw,1994)。而且,获 TSO-C13f 或 ETSO-C13f 认证的成人救生衣至少具有 155N(35 lb)的浮力,有些救生衣甚至可以提供 275N 的浮力。气囊往往变得非常大,会压迫下颌和颈部,造成视力模糊,使人难以达到和保持直立位置并登上救生船。其中最讨厌的特性是气囊会引导海浪直接进入气道(Armstrong,Bennet-Smith,Coleshaw,1994)。在没有非对称状气囊或偏转/阻挡波浪系统的救生衣上,可能发生这种气囊向气道引流的现象。如果没有办法来阻止海浪流向气道(甚至可能在防雨罩下),那么淹溺的风险就会增加。

9.10.2 防雨罩

大多数 HTS 系统都有一个防雨罩,通常连在救生衣上,除非使用集成浮力单元。精心设计的防雨罩应具有以下特点:容易安装、通风性好、排水性好、固型好以及在有风情况下系留牢固。而且,精心设计的防雨罩应能有效保护气道(Armstrong 等,1994;Light,Slater,1991),增加生存时间(Brooks,2003;Golden,Tipton,2002),并减少抗浸服进水量,特别是当抗浸服带有面罩的情况下(Sweeney 等,2008;Sweeney,Taber,2014)。

9.11 小结

在直升机迫降事故中幸存的人,一旦浮出水面就面临着海上生存的困境。此时,生存中的重要因素都与 HTS 提供的热防护及资源有关。极有可能需要完成从水下倒扣直升机逃生(Taber,2014;Taber,McCabe,2007),才能到达水面,从而需要引入一套 HTS 性能考虑因素,但这并不是其他类型抗浸服需要考虑的内容。本章的目的是介绍和回顾 HTS 性能考虑因素、航空条例和设备标准对 HTS 设计的约束和指导。

HTS 和其他抗浸服的主要区别在于 EB 及其对其他性能因素的约束。设置 EB 阈值是为了确保在水下逃生时不会因浮力过大而受到过度阻碍。然而,HTS 需要提供热防护,这就需要浮力材料或气囊来减少热损失。这就使 EB 与热防护成为一对直接矛盾。为了减少隔热材料的用量,必须采用良好的密封系统,尽可能减少水浸入量,这又将影响穿着的简易性和舒适性。在简要评估之后,HTS 性能参数之间的相互关系、性能权衡以及它们对 HTS 设计的影响很快就显而易见。图 9.11 提供了在 HTS 设计阶段必须考虑的重要性能的流程图。

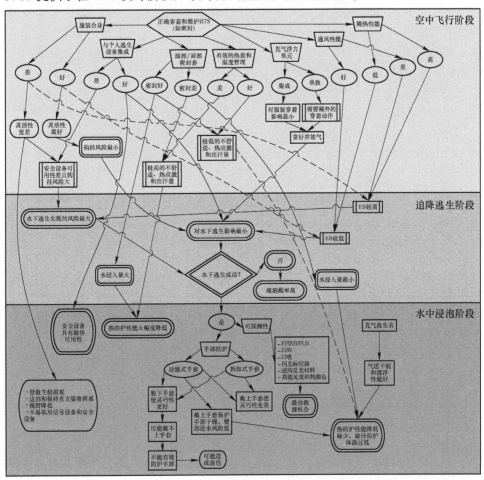

图 9.11　HTS 设计和性能的简化流程图

与所有救生装备一样,可能有明显的地区差别和不同的设计理念。在所有情况下对 HTS 的要求都是相似的。但是,构建适当平衡的性能参数是监管机构和终端用户的共同责任,这种性能参数优先的平衡是由 HTS 标准决定,因此,在正确地评估 HTS 之前,熟悉对系统的要求是非常必要的。

图 9.11 中示出了在飞行、迫降、逃生和长时间浸泡等阶段必须考虑的各种性能因素。注意:一些性能参数会影响飞行和浸水阶段的性能,而另一些参数会影响飞行和迫降阶段的性能。图中示出了关键的连接关系,但也省略一些连接关系,以避免混乱。不同的线型是为了清晰,而不是强调。此外,图中省略了抗浸服的某些一般性能,可以在文献 Sweeney,Taber(2014)的图 2.10 中找到。

真正理解 HTS 产品标准的起源,除了环境条件、飞行时间、飞行距离、救援时间和可用的救援资源等因素外,还要了解相应地区和利益相关方的理念和文化。永远不会有一种完美的 HTS 产品能够同时满足所有不同的标准,但是本章讨论的所有因素经常与新的抗浸服设计进行重新权衡考虑,从而力求为人类在各种寒冷水域环境中飞行提供最佳的防护和性能。

参考文献

[1] Allan, J. R. (1984). Water ingress tests for immersion suits (No. R504). Royal Air Force-Institute of Aviation Medicine.

[2] Armstrong, I. J., Bennett-Smith, S. C., & Coleshaw, S. R. K. (1994). Performance of immersion and lifejacket combinations at sea. Health and Safety Executive. Offshore Technology Report-OTR 94 428.

[3] Barwood, M. J., Dalzell, J., Datta, A. K., Thelwell, R. C., & Tipton, M. J. (2006). Breathhold performance during cold water immersion: effects of psychological skills training. Aviation, Space, and Environmental Medicine, 77, 1136-1142.

[4] Bohemier, A. P., Brooks, C. J., Morton, J. S., & Swain, J. H. (1998). High fidelity survival training for ditched aircrew and passengers. Current Aeromedical Issues in Rotary Wing Operations, RTO-MP-19AC/323(HFM)TP/4. Hull, Quebec: Canada Communication Group Inc.

[5] Brooks, C. J. (1988). Maximum acceptable inherent buoyancy limit for aircrew/passenger helicopter immersion suit systems. Applied Ergonomics, 19(4), 266-270.

[6] Brooks, C. J. (1989). The human factors relating to escape and survival from helicopters ditching in water. RTO AG 305E. Neuilly Sur Seine, AGARD, ISBN 92-835-0522-0.

[7] Brooks, C. J. (2003). Survival in cold water: Staying alive (Report TP13822E, 01/2003) Ottawa: Transport Canada.

[8] Brooks, C. J., & Bohemier, A. (1997). Helicopter door and window jettison mechanisms for underwater escape: ergonomic confusion. Aviation, Space & Environmental Medicine, 68(9), 844-857.

[9] Brooks, C. J., MacDonald, C. V., Donati, L., & Taber, M. J. (2008). Civilian helicopter accidents into water: analysis of 46 cases, 1979-2006. Aviation, Space, and Environmental Medicine, 79, 935-940.

[10] Brooks, C. J., Muir, H. C., & Gibbs, P. N. G. (2001). The basis for the development of a fuselage evacuation time for a ditched helicopter. Aviation, Space, and Environmental Medicine, 72, 553-561.

[11] Brooks, C. J., & Provencher, J. D. M. (1984). Acceptable inherent buoyancy for a ship abandonment/helicopter immersion suit. DCIEM Report No. 84-C-28.

[12] Canadian Association of Petroleum Producers (CAPP). (2013). Standard practice for the training and qualifications of personnel. Report Number 2013-0007.

[13] Canadian Aviation Regulations (CARs). Section 602.63 life rafts and survival equipmentd Flights over water. Transport Canada. http://laws.justice.gc.ca/eng/regulations/SOR-96-433/page-182.html#h-792.

[14] Canadian General Standards Board. (1988). Helicopter passenger transportation suit systems CAN/CGSB-65.17-M88.

[15] Canadian General Standards Board. (1989). CAN/CGSB-65.16-M89 immersion suit systems standard. Government of Canada.

[16] Canadian General Standards Board. (1999). Helicopter passenger transportation suit systems CAN/CGSB-65.17-99.

[17] Canadian General Standards Board. (2005). CAN/CGSB-65.16-2005 immersion suit systems standard. Government of Canada.

[18] Canadian General Standards Board. (2012). Helicopter passenger transportation suit standard. CAN/CGSB-65.17-2012.

[19] Cheung, S. S., McLellan, T. M., & Tenaglia, S. (2000). The thermophysiology of uncompensable heat stress. Physiological manipulations and individual characteristics. Sports Medicine, 29(5), 329-359.

[20] Civil Aviation Authority. (February 20, 2014). Safety review of offshore public transport helicopter operations in support of the exploitation of oil and gas. CAP 1145. http://www.caa.co.uk/application.aspx?catid=33&pagetype=65&appid=11&mode=detail&id=6088.

[21] Coleshaw, S. R. K. (2006). Investigation of removable exits and windows for helicopter simulators. OPITO Report SC, 153.

[22] CORD. (1987). Marine abandonment immersion suit insulation testing parameters: Preliminary report. Dartmouth, Nova Scotia, Canada: The CORD Group Limited.

[23] CORD. (1995). Report on the review of the dual role immersion suit systems for Canadian offshore operations. Report for the National Energy Board of Canada. PERD project number: 6A8001.9.95.

[24] Ducharme, M. B. (2006). Heat stress of helicopter aircrew wearing immersion suit. Industrial Health, 44(3), 433-440.

[25] European Aviation Safety Agency (EASA)/ETSO 2C503. (2006). Helicopter crew and pass-

enger immersion suits.
[26] European Aviation Safety Agency ETSO-C13f. (2006). Life preservers. European technical standard order.
[27] Everly, G. S., & Lating, J. M. (2013). A clinical guide to the treatment of human stress response. New York: Springer.
[28] Faerevik, H., & Reinertsen, R. E. (1998). Thermal stress in helicopter pilots, evaluation of two survival suits used during flight. In J. A. Hodgon, J. H. Heaney, & M. J. Buono (Eds.), Environmental ergonomics VIII (pp. 173-176). San Diego, CA: Naval Health Research Center, ISBN 0-9666953-1-3.
[29] Faerevik, H., & Reinertsen, R. E. (2003). Effects of wearing aircrew protective clothing on physiological and cognitive responses under various ambient conditions. Ergonomics, 46(8), 780-799.
[30] Federal Aviation Administration (FAA). TSO C13f (1992) Life preservers. Technical standard order.
[31] Federal Aviation Administration (FAA). (2014). Helicopter air ambulance, commercial helicopter, and Part 91 helicopter operations-final rule. Document availablehttps://www.federalregister.gov/articles/2014/02/21/2014-03689/helicopter-air-ambulance-commercial-helicopter-andpart-91-helicopter-operations.
[32] Federal Aviation Regulations (FARs). 14 CFR-Part 135 Section 135.168 emergency equipment: Overwater rotorcraft operations.
[33] Gagnon, D., McDonald, G. K., Pretorius, T., & Giesbrecht, G. G. (2012). Clothing buoyancy and underwater horizontal swim distance after exiting a submersed vehicle simulator. Aviation, Space, and Environmental Medicine, 83, 1077-1083.
[34] Gaul, C. A., & Mekjavic, I. B. (1987). Helicopter pilot suits for offshore application: a survey of thermal comfort and ergonomic design. Applied Ergonomics, 18(2), 153-158.
[35] Golden, F. S. C., & Tipton, M. J. (2002). Essentialsofseasurvival (1st ed.). Windsor: Human Kinetics.
[36] Hall, J. J. F., & Polte, J. W. (1956). Effect of water content and compression on clothing insulation. Journal of Applied Physiology, 8, 539-545.
[37] Hansen Protection Canada Limited. (2012). Nautilus HTS-1 suit fitting guide. Dartmouth, Canada.
[38] Helicopter Safety Advisory Conference (HSAC). (2014). Helicopter safety advisory conference (HSAC): 2013 gulf of Mexico offshore helicopter operations. Available from http://www.hsac.org/portals/45/HSAC%202013%20Report.pdf.
[39] Holmes, D. A. (2000). Waterproof breathable fabrics. In A. R. Horrocks, & S. C. Anand (Eds.), Handbook of technical textiles. Cambridge, UK: Woodhead Publishing.
[40] International Standards Organization. (2003a). 15027-1 Immersion suits: Constant wear suits, requirements including safety. Geneva: ISO.
[41] International Standards Organization. (2003b). 15027-3 Test methods: Abandonment suits, requirements including safety. Geneva: ISO.

[42] Jamieson, D. W., Armstrong, I. J., & Coleshaw, S. R. K. (2001). Helicopter ditching research: Egress from side-floating helicopters. CAA Paper 2001/10. London: Civil Aviation Authority.

[43] Jay, O., & White, M. D. (2006). Maximum effort breath-hold times for males and females of similar pulmonary capacities during sudden face-only immersion at water temperatures from 0 to 33 degrees C. Applied Physiology, Nutrition, and Metabolism, 31(5), 549-556.

[44] Joint Aviation Authority (JAA). (2007). Joint aviation regulations (JARs), JAR-OPS 3 commercial air transportation (Helicopters). Section 3.837-Additional requirements for helicopters operatingto or from helidecks located in a hostile sea area.

[45] Kozey, J., Potter, P., & Sweeney, D. (2011). A comprehensive study of the effects of buoyancy on emergency egress: Phases 1, 2 and 3. The CORD Group Limited. Unpublished technical report for Petroleum Research Atlantic Canada (PRAC).

[46] Leach, J. (1994). Survival Psychology. New York: University Press.

[47] Leach, J. (2004). Why people 'freeze' in an emergency: temporal and cognitive constraints on survival responses. Aviation, Space, and Environmental Medicine, 75, 539-542.

[48] Leese, W. L. B., & Norman, J. N. (1979). Helicopter passenger survival suit standards in the UK offshore oil industry. Aviation, Space, and Environmental Medicine, 50(2), 110-114.

[49] Light, I. M., Avery, A., & Grieve, A. M. (1987). Immersion suit insulation: the effect of dampening on survival estimates. Aviation, Space, and Environmental Medicine, 58(10), 964-969.

[50] Light, I. M., & Slater, P. (1991). A further in-water performance assessment of lifejacket and immersion suit combinations (No. OTI 91 550). Aberdeen: RGIT Survival Center Ltd.

[51] MacKinnon, S., & Mallam, S. (2010). The effect of hand immersion in 4Celsius water on the performance of helicopter evacuation survival tasks. Memorial University.

[52] McDonald, G. K., & Giesbrecht, G. G. (2013). Escape from a submersible simulated vehicle simulator wearing different thermoprotective flotation clothing. Aviation, Space, and Environmental Medicine, 84(6), 708-715.

[53] Mills, A. M., & Muir, H. (1999). Development of a standard for underwater survival. Technical Paper for Shell Group.

[54] Norsk Olje & Gass. (2004). Norwegian oil and gas recommended guidelines relating to requirement specifications for survival suits for use on the Norwegian continental shelf. Report-094.

[55] Oil & Gas UK. (2011). UK offshore commercial air transport helicopter safety record (1981-2010). The United Kingdom Offshore Oil and Gas Industry Association trading as Oil & Gas UK. Document available at http://www.oilandgasuk.co.uk/cmsfiles/modules/publications/pdfs/HS027.pdf.

[56] OPITO. (2013). Basic offshore safety induction and emergency training. Standard Code 5700. Revision 5 (11-Nov 2011) Amendment 4.

[57] Potter, P. L., O'Neill, B., & Brooks, C. J. (2003). Is it safe to change the CAN/CGSB-65.16-99 marine abandonment immersion suit systems standard to allow a minimum of 70 Newtons of inherent buoyancy? Dartmouth, Canada: The CORD Group Limited. R03-0004.

[58] Power, J. , Simoes-Re, A. , Barwood, M. , Tikuisis, P. , & Tipton, M. (2015) . Reduction in predicted survival times in cold water due to wind and waves. Applied Ergonomics, 49, 18–24.
[59] Step Change in Safety. (2014a). Passenger size resources. https://www. stepchangeinsafety. net/safety-resources/helicopter-safety/helicopter-safety-resources/passenger-size-resources.
[60] Step Change in Safety. (2014b) . Standardized clothing policy. https://www. stepchangeinsafety. net/news-events/news/standardised-clothing-policy.
[61] Sullivan, P. J. , Mekjavik, I. B. , & Kakitsuba, N. (1987) . Ventilation index of helicopter pilot suits. Ergonomics, 30(7), 1053–1061.
[62] Sweeney, D. , Ducharme, M. B. , Farnworth, B. , Prayal-Brown, A. , & Potter, P. (2011) . The adequacy of 0. 75 clo insulation to protect against hypothermia at sea. In XIV International Conference for Environmental Ergonomics, Nafplio, Greece.
[63] Sweeney, D. , & Potter, P. (2010) . Water ingress in helicopter passenger transportation suits for CAN/CGSB-65. 17. The CORD Group Limited.
[64] Sweeney, D. , Potter, P. , & Durnford, W. (2008) . Water ingress for immersion suits in Canada: Phase 2. Dartmouth, Nova Scotia: The CORD Group Limited.
[65] Sweeney, D. H. , & Taber, M. J. (2014) . Cold water immersion suits. In F. Wang, & C. Gao (Eds.) , Protective clothing: Managing thermal stress. Cambridge, UK: Woodhead Publishing.
[66] Taber, M. J. (2010) . Offshore helicopter safety report. In R. Wells (Ed.) , Offshore helicopter safety inquiry. St. John's, NL: Canada-Newfoundland and Labrador Offshore Petroleum Board. http://oshsi. nl. ca/? Content = Reports.
[67] Taber, M. J. (2013) . Crash attenuating seats: Effects on helicopter underwater escape performance. Safety Science, 57, 179–186.
[68] Taber, M. J. (2014) . Simulator fidelity and contextual interference in helicopter underwater egress training: an analysis of training and retention of egress skills. Safety Science, 62, 271–278.
[69] Taber, M. J. , Dies, N. F. , & Cheung, S. S. (2011). The effect of transportation suit induced heat stress on helicopter underwater escape preparation and task performance. Applied Ergonomics, 42(6), 883–889.
[70] Taber, M. J. , MacKinnon, S. N. , Power, J. , & Walker, R. (2015) . Breath-hold times in air compared to breath-hold times during cold water immersions. Aerospace Medicine and Human Performance, 86(2), 1–6.
[71] Taber, M. J. , & McCabe, J. (2006). Helicopter Ditching: time of crash and survivability. SAFE Journal, 34(1), 5–10.
[72] Taber, M. J. , & McCabe, J. (2007). An examination of survival rates based on external flotation devices: A helicopter ditching review from 1971 to 2005. SAFE Journal, 35(1), 1–6.
[73] Taylor, N. A. S. , & Machado-Moreira, C. A. (2013) . Regional variations in transepidermal water loss, eccrine sweat gland density, sweat secretion rates and electrolyte composition in resting and exercising humans. Extreme Physiology and Medicine, 2, 4.
[74] Tipton, M. J. , & Balmi, P. J. (1996). The effect of water leakage on the results obtained from human and thermal manikin tests of immersion protective clothing. European Journal of Applied

Physiology, 72, 394–400.

[75] Tipton, M. J., & Vincent, M. J. (1989). Protection provided against the initial responses to cold immersion by a partial coverage wet suit. Aviation, Space, and Environmental Medicine, 60(8), 769–773.

[76] Transportation Safety Board (TSB) of Canada. (2010). Aviation investigation report A09A-0016. Main gearbox malfunction/Collision with water. St. John's Newfoundland and Labrador.

第10章
海上直升机作业的研究成果和未来发展方向

Michael J. Taber
加拿大新斯科舍省达特茅斯市　加拿大法尔克安全服务公司

10.1　引言

从第一次直升机飞行以来,就发生了一些紧急事故,要求机组人员必须考虑在陆上和水中分别应采取的撤离程序。直升机飞行事故通常发生在3个不同的飞行阶段:起飞/着陆、悬停和进近阶段(见第2章)。在往返海上设施的定期飞行中,必然要经历这3个阶段。在飞行中,机组人员还要面对复杂的人机界面和操作系统,其中任何一个系统故障(人或机)可能会导致需要立即着陆或着水。研究已清楚表明,着水的生存机会远远低于着陆(Brooks, MacDonald, Donati, Taber, 2008; Clifford, 1996; Cunningham, 1978; Taber, 2013, 2014)。

本书从人-系统整合的角度描述了直升机水下逃生训练的发展历史,研究了与环境条件、可用技术以及个人等相关的影响因素。所呈现的信息是为了增进对在直升机坠水撞击或水上迫降情况下影响生存概率的因素的理解。为了将这些信息整合到一起形成共识,以下各节将概述各章的重点内容。

列入与执行职能相关的信息应该从如何使个人更好地准备在紧急情况下做出决策的角度加以考虑。Leach(第3章)明确指出,在紧急情况下,人处理信息的能力是有限的。因此,当考虑这些信息时,开发HUET课程需要考虑到终端用户。如果课程目标仅仅是简单地介绍水下逃生、教学技术和训练环境,那么可能不需要达到最高的水平。然而,如果HUET课程的目标是增加水上迫降后个体的生存机会,那么更加需要强调课程的关键组成部分,从而增加个体在紧急情况下完成必要操作的概率(Taber, 2014)。

10.2 水上迫降生存的理论估计

目前,HUET课程供应商或者事故调查组还没有正式的流程来输入可用于形成理论生存曲线的数据信息。事实上,事故调查组通常不会记录以前的HUET经验信息(模拟器类型、水下出口移除、距上次训练的时间和座椅位置等)(Brooks等,2008)。调查报告可能包括的信息:设备、年龄、性别、体型数据、水合状态、缺觉情况、当日时间、环境条件(如风、浪、雨、洋流等)和水温等因素的影响。然而,对于报告应该包括和剔除哪些信息,并没有一致的意见。

要理解从一架倒扣且灌满水的直升机中逃生的复杂性,就需要对可能影响生存力的因素进行基本检查。这些因素可以分成两类(环境和个体),当两者结合起来时,对那些涉及直升机迫降的个体来说是一个巨大的挑战。不幸的是,这些挑战并不总是能够克服。据报道,从2000年起,在97起致命的直升机水上迫降事故中,共有159人死亡(Taber,2014;Baker,Shanahan,Haaland,Brady,Li,2011)。与此类似,文献Civil Aviation Authority(2014)在回顾北海水上迫降和坠水撞击事故时指出,在1990—2012年期间的25起应报告的事故中,7起致命事故中的生存率为29%,并指出多数死亡的原因是淹溺。环境因素,例如直升机倒扣(不管直升机是否保持在水面上)(Taber,McCabe,2007)、水面条件、设备位置(Brooks,Potter,1998)、座椅位置(Taber,2013)、座椅安全带类型、照明水平、水温、油污分布、残骸碎片、出口布局及位置(Brooks,Bohemier,1997;Coleshaw,2006;Taber,Sweeney,2014)、抗浸服设计(若可用,Sweeney,Taber,2014)和冲击力,这些只是全部生存因素的1/2。个体因素,例如年龄、性别、经验、信心(Taber,McGarr,2013)、水合状态、忍痛能力、屏气能力(Cheung,D'Eon,Brooks,2001)、体能水平、身高、体重、上肢力量、旧伤、持续冲击伤、空间意识(Cheung,Hofer,Brooks,Gibbs,2000)和心理准备(Barwood,Dalzell,Datta,Thelwell,Tipton,2006)等因素都对生存力起一定作用。如果不能对上述每个因素进行单独探究和综合探究,那么就很难确定可以改进的地方,从而提高水下逃生的总体生存力。

10.3 直升机水下逃生训练差异的影响

本书从高层级和细节上专门考虑了影响生存的众多因素。第1章简要概述信息收集对个人应对直升机水上迫降事件的重要性。使用人-系统整合方法来探究环境、技术和人对生存力的影响,清晰地说明在开发改进生存力系统的过程中,只考虑其中一方面(如训练或者辅助救生装备)是不够的。同时,第1章还开始了为HUET立法的讨论。该讨论在第2章中展开,以确认如下事实:由于训练方法和进修课程学时的差异,在全球海上管辖区互认训练证书面临巨大的困难。

从历史的角度看,自第二次世界大战以来,军事人员的 HUET 相关问题一直是研究的对象。不幸的是,在训练方法上,典型的海上 HUET 课程已经形成了一条与军事准备课程完全不同的道路(见第 2 章)。这种差别或许是基于军事机组人员经常执行水上行动,并认为海上工作人员的身体素质不如军事现役人员。虽然在某种程度上这些差别真实存在,但是不管是军用直升机执行海上行动还是商用直升机飞往海上设施,在水上迫降时所经历的条件都是相似的。例如,不管任何职业(飞行员除外),所有人都会经历相同的迫降要求:抱紧防撞、屏住呼吸或使用紧急呼吸系统、水下逃生或弃机上船、救生衣充气、启动个人定位信标、等待救援等。这些任务要求上的相似之处表明,两类人员的训练也应该是相似的。训练中仅有的一些差别应该是基于不同的环境条件(如水温、当日时间和逃生路径),它们会影响任务的表现。另外,训练课程之间的持续差异可能会保持军人和平民之间迫降生存率的差异(Taber,Douglas,Carroll,2011)。

10.4 影响迫降生存力的认知、心理和生理因素

本书第 3~第 6 章着重于分析了在迫降后可能会影响生存率的认知、心理和生理反应。例如,在第 3 章中提到,在类似迫降这样时序要求严格的事件中,个人的有些行为是受到构造的周围环境模型而不是真实环境的限制。当考虑个人在迫降事件中的表现时,参考点的差别是极其重要的。在现实条件下,认知和现实之间潜在的界限是很明显的,就像一位在设得兰群岛迫降事故中的幸存者描述的那样:几名幸存者在直升机翻扣时,甚至在翻扣前就已经解开了安全带。尽管直升机在翻扣时迅速进水,但过早地解开安全带的事实表明,幸存者在心理上已经计划水面弃机而不是水下逃生。

第 4 章为理解冷水浸泡的相关生理反应提供了一定的基础。通过对冷休克反应的概述,提出在海上直升机作业时将紧急呼吸系统列入配属装备的理由。第 5 章继续并扩展了对冷休克反应的讨论,包括可能对屏气能力有显著影响的缓解策略。第 6 章基于对应激情境的生理反应,提出了在 HUET 课程开始之前或者课程运行期间能够使用的各种心理干预措施。

10.5 对影响逃生的因素的重点讨论

第 7~第 9 章着重对影响逃生的具体因素进行了分析。这些章节专门为 HUET 课程供应商、海上运营商和工作人员能够做出明智的训练决策提供必要的

信息,比如如何开展训练？在承认不同管辖区的训练证书时应该考虑哪些内容？哪些课程能使个人更好地应对实际迫降事故？而且,特定信息也强调个人需要仔细考虑所需的细节级别,以确保 HUET 认证过程和海上直升机运营处于最佳的安全水平。

第7章总结了逼真度(结构、功能和认知)对 HUET 课程的影响和实际迫降时逃生技能水平的当前认识。本章重点介绍了不同逼真度类型的具体差异,为未来 HUET 课程的发展提供了一定基础。鉴于在水上迫降或坠水撞击后完成水下逃生的复杂性,建议在确保安全的前提下,尽力增加受控环境下训练的逼真度,这是非常有益的。然而,应该对 HUET 中的表现进行评估,以确保增加的逼真度能够提高真实环境下的生存概率。理解渐进式改进对识别需要逼真的地方、需要改进的类型以及期望逼真度的大小等都是非常重要的。

第8章对 HUET 课程中纳入 EBS 进行了探讨。强调虽然压缩空气型 EBS 已经在军事 HUET 课程中使用了 30 多年,但海上行业部门依然对其安全性存在质疑。尽管在海上工作人员训练期间对气压伤的关注很多,但在过去 30 多年的使用过程中,很少有这样的事件记录。在使用压缩空气型 EBS 进行训练时,安全是最重要的。然而,大家已经注意到,空中训练只会带来一种风险,即在实际使用 EBS 时个人并没有做好充分的准备(如无水中训练经验)。

第9章讨论直升飞机抗浸服(HTS)的要求。有关抗浸服设计和使用的信息旨在为特定地区选择最合适系统提供指导方针。本章主要分析了最大逃生浮力,并提出在设计 HTS 时应重点考虑逃生浮力的影响。选择合适的 HTS 是非常关键的,可以增加在机舱内和等待救援时的生存率。

10.6 未来的展望和建议

本书的目的是围绕我们在直升机水上迫降或坠水撞击后逃逸救生方面形成的共识,对相关的知识进行梳理和巩固。终极目标是提供本学科的世界权威信息,以确保个人能够知悉在水上迫降时出现的问题,并做好应对准备,从而提高生存率。

从 HUET 课程的初始开发到认证批准阶段,应该有一个最低标准,而不仅仅是介绍在真实的水下逃生环境中应该采取哪些行动才能幸存。如果一个标准主要关注某一个方面(如减轻压力),那么就不可能使个人做好充分准备并达到最佳状态。例如,认为有训练总比不训练好的概念忽视了这样的事实:如果个人没有机会练习在实际情境中可能需要的技能,那么第一次成功运用这项未练习的技能的可能性是有限的。研究结果和轶事证据已经清楚地证明,在紧急情况下,个人很少有时间对没有经验的事件过程做出决策,而且决策的结果往往是不利的(Brooks 等,2008;Leach,2005,2012;Leach,Ansell,2008;Leach,Griffith,2008;Robinson,Sunram-

Lea,Leach,Owen-Lynch,2008；Taber,2014）。综上所述,本书提供的信息代表了可用于开发 HUET 课程的初始信息资源,而该课程使个人更加能够做好必要的技能准备,以便在迫降事故中生存下来。

展望未来,对于 CAPP、OPITO 和 OLF 等批准机构来说,建立 HUET 标准是十分重要的,这些标准应重点关注如何最佳地训练个人在水上迫降情境中生存下来。国际管辖区之间的互惠关系对于确保海上工人接受足够的训练至关重要。训练证书的跨管辖区承认将允许个人在不同工作地点之间通行,而不需要进行升级训练。为了建立标准,需要对 HUET 进行多方面的研究。最重要的研究是要更好地了解 HUET 技能保持的周期。目前,还没有程序用来确定 HUET 技能水平衰减到足够帮助救生的临界时间点(Mills,Muir,1999)。为了实现全球化标准的目标,需要各个国际认证机构之间的合作。直到全球 HUET 社区对 HUET 技能保持的周期形成共识,才可能预测个人在完成训练 6 个月、1 年、2 年、3 年甚至 4 年后,是否能够从倾覆或灌水的直升机中完成逃生任务。

已经听到很多呼声,要求在更真实的条件下完成 HUET(CAA,2014；Wells,2010)。然而,与 HUET 课程内容的标准一样,对于到底需要多高的逼真度(结构、功能和认知)才能为 HUET 技能习得和保持提供一个真实可控的环境,目前并没有相应的监管程序。例如,对于打开 UES 舱口需要多大的力量并没有相应的标准。标准化的缺失很大程度上是因为没有真实环境的数据信息(Taber,Sweeney,2014)。虽然目前正在研究建立"西科斯基"S92 型直升机客舱出口的标准,但是还有许多直升机(如 AW139、S76、AS332)承担在海上平台间运输人员的任务。至少,未来所有 UES 的设计都应包括打开实际运输直升机舱口的力量。

这两个例子凸显了这样一个事实:尽管在过去几十年里,交付的 HUET 课程已经向数十万人提供了训练,但在未来若干年里,仍有一些训练和作业领域的问题需要解决。HUET 课程需要考虑到所有方面因素是有证言的,"美洲狮"491 号直升机迫降事故的唯一幸存者明确地表达了:

"每隔几年才在泳池中进行几天的受控浸没训练,这不足以使人养成能够在像'美洲狮'491 号这样的直升机坠毁事故中逃生的本能反应。"(Decker 证言,第 85 页)

如果运营商、训练供应商、海上工人和研究人员共同合作,我们有理由期望未来的 HUET 课程将能更好地为个人提供逃生技能训练。最终,这种合作将提高在水上迫降/坠水撞击事故中的生存率。

参考文献

[1] Baker,S. P.,Shanahan,D. F.,Haaland,W.,Brady,J. E.,& Li,G.(2011).Helicopter crashes

related to oil and gas operations in the Gulf of Mexico. Aviation Space and Environmental Medicine, 82, 885-889.

[2] Barwood, M. J., Dalzell, J., Datta, A. K., Thelwell, R. C., & Tipton, M. J. (2006). Breathhold performance during cold water immersion: effects of psychological skills training. Aviation, Space, and Environmental Medicine, 77, 1136-1142.

[3] Brooks, C. J., & Bohemier, A. P. (1997). Helicopter door and window jettison mechanisms for underwater escape: ergonomic confusion! Aviation, Space and Environmental Medicine, 68, 844-857.

[4] Brooks, C. J., MacDonald, C. V., Donati, L., & Taber, M. J. (2008). Civilian helicopter accidents into water: analysis of 46 cases, 1979-2006. Aviation, Space and Environmental Medicine, 79, 35-40.

[5] Brooks, C. J., & Potter, P. L. (1998). The abysmal performance of the inflatable liferaft in helicopter ditchings. In RTO HFM symposium proceedings. RTO MP-19.

[6] Cheung, B., Hofer, K., Brooks, C., & Gibbs, P. (2000). Underwater disorientation as induced by two helicopter ditching devices. Aviation, Space, and Environmental Medicine, 71(9), 879-888.

[7] Cheung, S. S., D'Eon, N. J., & Brooks, C. J. (2001). Breath-holding ability of offshore workers inadequate to ensure escape from ditched helicopters. Aviation, Space and Environmental Medicine, 72, 912-918.

[8] Civil Aviation Authority. (2014). CAP 1145-Safety review of offshore public transport helicopter operations in support of the exploitation of oil and gas. West Sussex, UK: Safety and Airspace Regulation Group.

[9] Clifford, W. S. (1996). Helicopter crashworthiness. Study I. A review of UK military and world civil helicopter water impacts over the period 1971-1992. CAA Paper 96005. London: Civil Aviation Authority.

[10] Coleshaw, S. R. K. (2006). Investigation of removable exits and windows for helicopter simulators. In OPITO report SC 153.

[11] Cunningham, W. (1978). Helicopter underwater escape trainer (9D5). In NATO AGARD conference proceedings, No 255. (Operational Helicopter Aviation Medicine), (pp. 66-1-66-3).

[12] Leach, J. (2005). Cognitive paralysis in an emergency: the role of the supervisory attentional system. Aviation, Space and Environmental Medicine, 76, 134-136.

[13] Leach, J. (2012). Maladaptive behaviour in survivors: dysexecutive survivor syndrome. Aviation, Space and Environmental Medicine, 83, 1152-1161.

[14] Leach, J., & Ansell, L. (2008). Impairments in attentional processing in a field survival environment. Applied Cognitive Psychology, 22, 643-652.

[15] Leach, J., & Griffith, R. (2008). Restrictions in working memory capacity during parachuting: a possible cause of 'no-pull' fatalities. Applied Cognitive Psychology, 22, 147-157.

[16] Mills, A. M., & Muir, H. (1999). Development of a standard for underwater survival. In Technical paper for Shell Group.

[17] Robinson, S. J., Sunram-Lea, S., Leach, J., & Owen-Lynch, P. J. (2008). The effects of

exposure to an acute naturalistic stressor on working memory, state anxiety and salivary cortisol concentration. International Journal on the Biology of Stress,11(2),115-124.

[18] Sweeney, D. H., & Taber, M. J. (2014). Cold water immersion suits. In F. Wang, & C. Gao (Eds.),Protective clothing: Managing thermal stress. Cambridge,UK: Woodhead Publishing.

[19] Taber, M. J. (2013). Crash attenuating seats: effects on helicopter underwater escape performance. Safety Science,57,179-186.

[20] Taber, M. J. (2014). Simulator fidelity and contextual interference in helicopter underwater egress trainingdan analysis of training and retention of egress skills. Safety Science,62,271-278.

[21] Taber,M., Douglas,P., & Carroll,J. (2011). Effect of training on helicopter ditching survival rates. In European aviation safety agency, helicopter ditching, water impact & survivability conference.

[22] Taber,M. J.,& McCabe,J. (2007). An examination of survival rates based on external flotation devices: a helicopter ditching review from 1971 to 2005. SAFE Journal,35(1),1-6.

[23] Taber, M. J., & McGarr, G. W. (2013). Confidence in future helicopter underwater egress performance: an examination of training standards. Safety Science,60,169-175.

[24] Taber,M. J.,& Sweeney,D. H. (2014). Forces required to jettison a simulated S92 passenger exit: optimal helicopter underwater egress training techniques. International Journal of Industrial Ergonomics,44,544-550.

[25] Wells,R. (2010). Canada-Newfoundland and Labrador offshore helicopter safety inquiry (Vol. 1). St. John's,NL: Canada-Newfoundland and Labrador Offshore Petroleum Board.